소의 번식관리와 산과처치

(Fertility and Obstetrics in Cattle)

제 2 판

소의 번식관리와 산과처치

(Fertility and Obstetrics in Cattle)

제 2 판

저자 : D.E. Noakes

역자 : 김일화 · 강현구

 월드사이언스

worldscience.co.kr

Fertility and Obstetrics in Cattle

Second edition published 1997

© 1986, 1997 by Blackwell Science Ltd.

소의 번식관리와 산과처치 제2판

(Fertility and Obstetrics in Cattle)

인 쇄	2013년 5월 10일
발 행	2013년 5월 20일
원저자	D.E. Noakes
역 자	김일화 · 강현구
발행인	박선진
발행처	도서출판 월드사이언스
주 소	서울특별시 서초구 방배4동 864-31 월드빌딩 1층
등록일자	1988년 2월 12일
등록번호	제 16-1601호
대표전화	(02) 581-5811~3
팩스	(02) 521-6418
E-mail	worldscience@hanmail.net
URL	http://www.worldscience.co.kr
정가	12,000원
ISBN	978-89-5881-217-3

이 도서의 국립중앙도서관 출판시도서목록(CIP)은 e-CIP홈페이지(http://www.nl.go.kr/ecip)와 국가자료공동목록시스템(http://www.nl.go.kr/kolisnet)에서 이용하실 수 있습니다. (CIP제어번호 : CIP2013005731)

저자 서언

이 책의 초판은 주로 수의학을 공부하는 학생, 임상수의사 및 소를 다루는 모든 사람들에게 간편하게 접근할 수 있는 참고 및 정보의 제공을 위하여 출판되었다. 우리 연구실 학생들과 동료들의 비평과 더불어 서평가의 반응으로 판단해 볼 때, 당초의 목적은 충족하였던 것으로 여겨진다. 2판도 여전히 이러한 기준들을 충족시키고자 하였다. 책의 내용은 학술 논문에서와 같이 자세하게 다루지 않았으며, 간결한 표현으로 내용을 명확하게 기술하였다. 초판이 출판된 이래, 소의 번식에 있어서 많은 진보가 있었는데, 특히 B-모드 초음파검사의 광범위한 사용이었다. 이 외에도 많은 새로운 연구 내용이 과학저널 및 임상저널에 출판되었다. 소의 번식에 대한 양질의 문헌이 계속 증가하고 있어 독자들은 다양한 참고자료를 접하는 것이 권유되고 있다. 이 책의 끝 부분에 소개되어 있는 추가 참고도서 목록이 도움을 줄 것이다.

이 책의 주제에 대하여 처음으로 관심을 가지게 된 것은 나의 소년 시절에 고인이 된 삼촌을 돕기 위하여 여러 날 동안 쇼오트 호온 종 젖소 목장에서 지낸 것이 계기가 되었으며, 또한 Royal Veterinary College에서 Geoffrey Arthur 명예교수의 가르침에 의해 지속되었는데 여전히 변함없는 관심과 열정이 있었다. 내가 읽었던 많은 책과 논문의 저자들, 수의학분야의 친구와 동료 및 초판의 리뷰어 특히, Roger Blowey에게 감사를 표한다.

끝으로, 비서로서 도움을 준 Rosemary Forster, Royal Veterinary College의 도서관 직원 및 출판을 위하여 인내해 준 Blackwell Science사의 Richard Miles, Janet Prescott 및 Julie Musk, 그리고 책을 개정하는 시간 동안 외로운 시간을 보낸 아내에게도 감사를 표한다.

David Noakes

역자 서언

소에서 번식관리와 산과처치는 적정 수익성을 담보하는 축군의 관리 및 유지를 위하여 매우 중요한 분야이며, 특히 난산과 산후 긴급처치를 요하는 경우와 번식컨설팅을 실시하는 대동물전문수의사에게는 더더욱 중요할 것으로 생각합니다. 역자들은 관련 분야에 종사하는 임상수의사와 미래의 대동물 수의사를 꿈꾸는 수의학도를 위하여 간결하면서도 긴요한 정보를 제공할 수 있는 책자를 물색하던 중 David Noakes 교수께서 집필하신 『Fertility and Obstetrics in Cattle』 2판을 읽고서 매우 유용한 책으로 판단하고 번역을 시작하게 되었습니다. 원서는 매우 간결하게 집필되었으나 소의 암·수 생식과정의 정확한 이해를 통하여 생식과정 전반에서 발생할 수 있는 제반 문제점의 해결을 위한 핵심 내용을 A에서 Z까지 포함하고 있어 소를 전문적으로 다루는 임상수의사에게 더할 나위 없이 유용할 것으로 기대합니다.

강현구 교수님과 함께 장기간에 걸쳐 번역하고, 정재관 원장, 실험실 백영철, 김상곤 학생의 도움으로 교정을 마친 후 한글판 『소의 번식관리와 산과처치』가 지금의 모습을 갖추게 되었습니다. 한정된 지식과 어휘력으로 번역된 책이긴 하지만 소 임상에 종사하는 현직 수의사와 예비 수의사에게 필요시 언제든지 정보를 제공해줄 수 있는 소책자로써 활용될 수 있기를 바랍니다. 아울러 부록편에 새롭게 개발된 배란동기화 프로그램을 추가하였는데 임상현장에서 활용되어 번식관리에 도움을 줄 수 있기를 바랍니다.

저희 역자와 뜻을 같이하여 번역본을 편집 및 출판하는데 애써주신 '월드사이언스' 박선진 사장님, 임후택 이사님과 편집부 직원들께 진심으로 감사드리며, 오늘도 이른 새벽부터 목장을 방문하여 환축의 생명을 구하고, 축산농가와 동고동락하는 임상수의사와 우리 인간에게 건강과 행복을 제공해주는 우공들과 그리고 사랑하는 가족들과 함께 출간의 기쁨을 나누고자 합니다.

2013년 4월
역자 대표 김일화

역자 소개

김일화

2000 ~ 현 재	충북대학교 수의과대학 교수
2007 ~ 2009	미국 플로리다대학 방문교수
2001 ~ 2005	국립축산과학원 겸임연구관
1997 ~ 1998	네덜란드 유트레트대학 박사후연수
1992 ~ 1996	경북대학교 수의학박사
1984 ~ 2000	국립축산과학원 연구사/ 연구관

강현구

2002 ~ 현 재	충북대학교 수의과대학 교수
2000 ~ 2001	식품의약품안전청 박사후연수
1996 ~ 1997	일본 낙농학원대학 연수
1994 ~ 1998	전남대학교 수의학박사
1992 ~ 1994	전남대학교 수의학석사
1987 ~ 1991	전남대학교 수의학사

목차

제 2 부: 수컷

약어 목록

ABP	androgen binding protein	안드로겐결합단백
ACTH	adrenocorticotrophic hormone	부신피질자극호르몬
ADH	antidiuretic hormone	항이뇨호르몬
AI	artificial insemination	인공수정
AV	artificial vagina	인공질
bFSH	bovine follicular stimulating hormone	소의 난포자극호르몬
BVD	bovine viral diarrhea	소바이러스설사병
BHV-1	bovine herpes virus 1	소헤르페스바이러스1감염
CCP	corpora cavernosa penis	음경해면체
CL	corpus luteum	황체
CRL	crown-rump length	정미장
eCG	equine chorionic gonadotrophin	말융모성생식샘자극호르몬
EPS	enriched phosphate-buffered saline	농축인산염완충식염수
FSH	follicular stimulating hormone	난포자극호르몬
GnRH	gonadotrophin releasing hormone	생식샘자극호르몬분비호르몬
hCG	human chorionic gonadotrophin	사람융모성생식샘자극호르몬
hMG	human menopausal gonadotrophin	폐경여성생식샘자극호르몬
IBR	infectious bovine rhinotracheitis	소전염성비기관염
LH	luteinizing hormone	황체형성호르몬
LHRH	luteinizing hormone releasing hormone	황체형성호르몬분비호르몬
PSPB	pregnancy-specific protein B	임신특이단백질B

암컷(The Female)

제**1**부

미임신 동물 제1장

1.1 성성숙

출생 시, 미경산우의 난소는 150,000개에 이르는 원시난포를 갖는다. 성성숙 후의 동물에서와 같이 성성숙전에도 난포의 성장과 퇴행의 파(파동)가 존재한다. 그러나 우세난포의 최대 크기가 직경 12㎜ 정도로 성장하는 경우에도 성성숙 전의 모든 난포는 폐쇄과정을 가진다.

성성숙의 개시는 규칙적인 난소활동 주기의 발생에 의해 확인된다. 시상하부, 특히 시각교차앞구역과 중앙기저부는 성적인 성숙의 변화를 통제하는 주된 역할을 한다. 시각교차앞구역의 신경세포들이 성숙하게 되면, 난포로부터 분비되는 저농도의 에스트라디올의 억제효과에 대한 반응성이 저하된다. 이러한 결과로 생식샘자극호르몬분비호르몬(GnRH)이 생산되어 황체형성호르몬(LH)의 분비를 자극하며, 이것이 난포의 성숙, 배란를 유기하여 난소활동 주기가 개시된다. 난포자극호르몬(FSH)의 변화는 성성숙의 개시에 포함되지 않는 것으로 보인다.

성성숙은 젖소 미경산우의 경우 체중이 성축 체중의 35~40%에 이르게 되는 7~18개월령에 일어난다.

1.2 성성숙 개시의 시기에 영향을 주는 요소

- 유전형: 품종별 성성숙 연령과 이 후의 유생산량과의 관계
- 계절: 브라만 미경산우의 경우 봄과 여름에 더 빠르게 성성숙
- 성장: 성장 지연은 성성숙 개시 시기를 늦춤
- 영양: 고에너지 수준은 성성숙의 연령을 단축
- 성충동: 수소의 존재는 성성숙 연령을 단축
- 기후: 지중해와 열대기후에서는 온대기후에 비해 성성숙 개시가 지연
- 질병: 성성숙의 개시를 지연시킬 수 있는데, 특히 성장률이 영향을 받게 될 때

1.3 주기적인 난소 활동

암소는 평균 21일(18~24일 범위) 마다 주기를 반복하는 다발정동물이다. 발정 주기의 간격은 발정과 발정 사이의 간격을 말한다. 주기적인 활동은 성성숙 개시 이전, 임신 중 그리고 분만 후 단기간 동안에는 없다.

1.4 발정주기의 단계

발정주기 중 명확하게 정의할 수 있는 단계는 경산우 또는 미경산우가 수소에 의해 교 미될 때 승가를 허용하는 발정기뿐이다. **발정기**는 평균 15시간(2~30시간 범위) 지속된 다. 배란은 발정의 종료 약 15시간 후에 일어난다.

발정주기의 나머지 단계는 **발정전기**, **발정후기**와 **발정휴지기**이나, 이러한 기간은 명확하게 구분되지 않는다.

● 발정전기는 발정기 이전의 단계로 난포의 성장과 황체의 퇴행 시기이며, 생식기계는 프로게스테론의 영향 하에서 벗어나게 된다. 이 시기에는 다른 소를 승가하는 것과 같 이 발정이 가까워졌음을 표시하는 행동이 자주 나타난다.
● 발정후기는 발정의 종료 후의 기간이며, 난포의 성숙과 배란이 일어나고 황체의 발육 이 시작되는 시기이다.
● 발정휴지기는 난소에 황체가 지배적인 구조물로 나타나는 단계이며, 황체에서 분비되 는 프로게스테론의 영향 하에 있게 된다.

1.5 발정주기 중 난소의 변화

성성숙의 개시와 함께 전 발정주기 동안 난포가 성장하는 발육파가 발생되어 결국 배 란을 일으키며 난자를 방출하게 된다.

난소에는 여러 발육단계의 난포가 존재한다.

● 원시난포: 성장하지 않는 난포이며, 직경이 $100\mu m$ 이다.
● 일차난포: 초기 성장 난포이며, 난포 내 난자는 단층의 입방과립막세포로 둘러싸여 있 다.
● 이차난포: 이차난포 내 난자는 난포막세포를 포함하는 다층의 세포에 의해 둘러싸여 있다.
● 삼차 또는 동난포: 다층의 세포 내에 동내강이 발달된다. 내강은 난포의 직경이 0.4~0.8mm가 될 때 나타난다.

난포의 성장과 발육(난포발생)은 난소 내 및 난포 내에서 발생되는 기전뿐만 아니라 생식샘자극호르몬에 의존된다. 즉 이것은 삼차난포의 형성으로부터 배란 전 난포까지를 의미하며, 약 40일을 요한다.

난포의 발육파는 4~5㎜의 난포 발육 이전에 발생되는 난포자극호르몬의 급증(surge)에 의해 유기된다. 어떤 개체에 있어서는 두 번, 다른 개체에서는 세 번의 난포자극호르몬의 급증이 발생되는데, 이것은 각각 두 번 또는 세 번의 난포 발육파를 자극시킨다. 세 번의 파동을 갖는 경산우 또는 미경산우는 두 번의 파동을 갖는 경산우에 비해 보다 긴(정상 범위) 발정주기 간격을 가지게 된다. 황체에서 분비되는 프로게스테론은 난포의 성숙을 억제한다. 황체가 퇴행될 때 시상하부/뇌하수체 축에 대한 음성 피드백의 소실이 생식샘자극호르몬, 특히 LH의 분비를 허용하여 보통 하나의 난포의 성숙과 배란을 일으킨다. 두 개 혹은 다배란은 흔하지 않은데, 이것은 우세난포에 의한 인히빈과 같은 국소 호르몬의 분비 때문이다. 난포세포에 의해 분비되는 여러 성장 호르몬도 역시 난포발생에 역할을 담당한다.

배란 난포의 선택은 배란 약 3~4일전(보통 발정주기의 16일 또는 17일)에 결정된다. 성숙 난포는 배란의 시기에 보통 직경이 약 2㎝ 이다. 그러나 직경이 약 8㎜ 이상인 난포도 배란될 수 있으며, 그 난포의 크기나 배란 시기는 배란 전 황체형성호르몬 급증(LH surge)의 유도에 의존한다. 무배란 난포는 퇴행되어 폐쇄가 일어난다. 발정주기의 어느 단계에서도 직경이 1.5㎝ 이상인 난포는 기능적인 황체의 존재 하에서 직장검사와 초음파검사에 의해 확인할 수 있다.

배란 시에 난포는 난소를 둘러싸고 있는 백막의 틈을 통하여 파열된다. 난자는 난구라고 불리는 세포 덩어리에 의해 둘러싸여 유리되며(그림 1.1), 배란이 일어난 난소 근처의 난관채로 이동한다.

파열된 난포의 내강은 과립막 및 난포막세포에 의해 신속하게 채워지게 되며, 이후 황체세포로 되어 황체를 형성하게 된다. 이러한 변화의 자극은 황체형성호르몬으로부터 유도된다. 배란이 일어나기 전 어느 정도 기간 동안 LH 수용체는 과립막세포와 난포막세포에서 발현되고 있다. 황체 내에는 두 종류의 스테로이드합성 세포가 존재한다. 대형 황체세포는 과립막세포로부터 유래하며, 소형황체세포는 난포막세포로부터 유래한다.

황체는 약 7일 후에 완전히 형성되어 발정주기의 약 17일경까지 성숙한 상태로 유지되며, 이 시점에 세포 수준 및 물리적으로 퇴행하기 시작한다.

그림 1.2는 발정주기 중 난포와 황체의 발육 및 퇴행 과정을 나타내고 있다.

1.6 난소에서 생산되는 호르몬

발육 중인 성숙 난포는 에스트라디올-17β, 에스트론과 에스트리올을 생산한다. 황체는 프로게스테론과 옥시토신을 생산하는데, 이 두 종류의 호르몬은 소에서 난소의 주기적인 활동을 통제하는데 결정적인 역할을 한다.

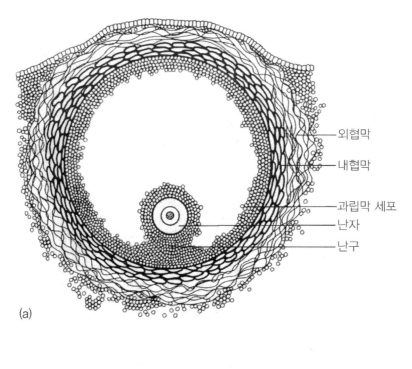

(a)

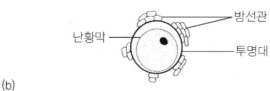

(b)

그림 1.1. (a) 성숙 난포의 구조와 (b) 배란 후의 난자(그림 a 출처: Hunter, R.F.H. (1982) Physiology and Technology of Reproduction in Female Domestic Animals. Academic Press, London.)

1.7 발정주기 중 호르몬의 변화

난소의 기능은 주로 뇌하수체전엽으로부터 FSH와 LH의 분비에 의해 조절된다. 이 호르몬들은 시상하부에서 생산되는 폴리펩타이드의 작용으로 차례로 방출되며, 뇌하수체문맥순환을 통해 뇌하수체전엽으로 운반된다. 이것을 황체형성호르몬분비호르몬(LHRH) 혹은 생식샘자극호르몬분비호르몬(GnRH)으로 명명되는데, 이는 소에 있어서 한 호르몬 제재가 FSH와 LH 모두를 방출시킬 수 있기 때문인 것으로 여겨진다.

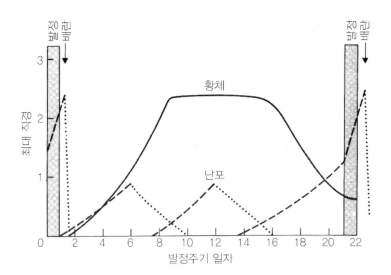

그림 1.2. 발정주기 중 난포와 황체의 발육과 퇴행(세 번의 난포 발육파를 가지는 소의 예)

FSH는 난포의 초기 발육에 중요한 역할을 한다. LH는 최종적인 난포의 성숙과 배란을 일으키며, 황체의 형성과 유지를 자극한다(황체자극효과). FSH와 LH는 발정기주위에 일과성 방출을 일으키며, 이 후 24~32시간에 배란이 일어난다.

난포의 발육과 성숙은 에스트로겐, 특히 에스트라디올-17β의 생산 증가를 초래한다. 이러한 증가는 발정 행동의 개시 시기에 최고조에 달하게 된다. 이것이 시상하부/뇌하수체축을 자극시켜 난포의 성숙과 배란을 위해 필요한 LH 급증을 일으키게 된다. 두 번째의 낮은 농도의 에스트라디올 증가는 발정 6일 후에 발생되며, 이에 대한 중요성은 아직 알려져 있지 않다.

과립막세포와 난포막세포로부터 형성되는 황체는 프로게스테론을 생산한다. 이것은 발정 3~4일 후 기저 수준으로부터 증가되어 약 8일경 최고의 농도를 나타내며, 이후 16일 혹은 17일, 즉 다음 발정기의 기저 수준까지 감소되기 전까지 지속된다. 다른 종류의 뇌하수체호르몬인 프로락틴도 역시 발정기 경에 증가되지만 이 시기에서의 역할에 대해서는 알려져 있지 않다.

황체는 프로게스테론 분비를 통해 주기적인 난소 활동을 조절하는 중추적인 역할을 하는데, 주로 생식샘자극호르몬 분비를 억제하므로 시상하부/뇌하수체 축에 대한 음성 피드백효과를 일으킨다.

임신이 아닌 경우에 황체는 퇴행한다. 황체퇴행은 황체에서 분비되는 옥시토신과 자궁내막에 존재하는 옥시토신 수용체의 결합에 반응하여 자궁내막으로부터 프로스타글란딘 $F_2\alpha$($PGF_2\alpha$)의 일시적인 분비에 의해 일어난다. 옥시토신 수용체는 발정주기의 16~17일경에 증가가 시작되어 발정기에 최고조에 이른다. 이러한 옥시토신 수용체의 발현은 에스트라디올, 프로게스테론 및 옥시토신 자체의 영향 하에 있다. PGF$_{2\alpha}$의 박동성 분비는 발정주기 17일경에 시작되어 빈도와 진폭 모두가 증가된다. 그것은 자궁의 정맥환류로부터 직접 통과하게 되어 난소동맥을 통하여 황체에 직접 도달하게 된다.

황체가 퇴행될 때 시상하부/뇌하수체 축에 대한 프로게스테론의 음성 피드백효과는 종료된다. 뒤이어 FSH와 LH 농도가 증가되어 난포발육과 에스트라디올-17β의 합성을 자극시키며, 이것이 난포성숙, 배란 및 황체형성을 일으키는 FSH/LH 급증을 시작하도록 한다. 이러한 호르몬의 변화 과정은 그림 1.3에서 보여준다.

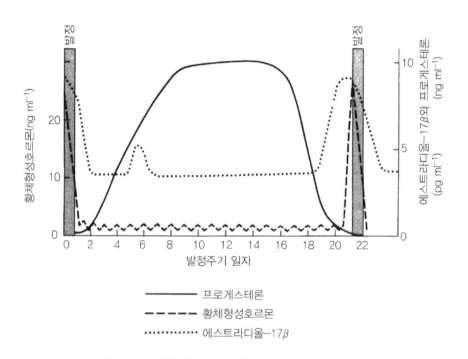

그림 1.3. 발정주기 중 말초혈액 내 호르몬의 변화

1.8 발정

발정의 평균 지속시간은 약 15시간이며, 범위는 2~30시간으로 차이가 심하다. 일단 소에서 분만 후 첫 배란이 일어나게 되면 이후 발정 증상을 나타내지 않고 배란되는 둔성발정은 매우 드물다.

발정 증상

발정 증상은 매우 많고 다양하다.

● 성적으로 활발한 개체들과 무리의 형성 및 사료섭취와 산유량의 감소

- 격리될 때 울부짖음
- 경미한 체온 증가(0.1℃)
- 투명한 외음부 점액
- 미근부의 승가한 자국과 벗겨짐, 진흙 또는 오물에 의해 더렵혀진 겸부
- 다른 소를 승가, 특히 머리 쪽으로 승가
- 승가에 대한 허용

가장 믿을만한 발정 증상은 승가를 허용하는 것과 다른 소에 대해 머리쪽 승가(소수의 비율의 소가 이 증상을 보여줌)이다. 소에서 한 번의 발정 동안 1회 또는 100회 이상의 승가가 일어날 수 있다. 명확한 승가 반응의 기간은 최소 5초 이상이어야 한다.

번식효율 감소의 가장 중요한 원인은 발정 발견의 어려움인데, 특히 대규모 우군에서 그렇다. 이것은 개체 차이에 기인되는데, 그 이유는 야간에 발정 행동이 훨씬 많이 나타나기 때문이다.

발정 발견 방법

발정 발견은 보통 소가 다른 소에 의해 승가될 때 허용 자세를 관찰하는 것에 의존된다. 따라서 좋은 발정 발견을 위해서는 다음의 내용이 지켜져야 한다.

- 개체 동물의 확실한 확인: 냉각표식, 목고리 및 큰 이표를 이용
- 정확한 확인을 위한 적당한 조명
- 관찰 시기에 작성하는 소의 개체 식별정보의 기록
- 24시간에 걸쳐 최소 3회의 20~30분간의 규칙적이며 일상적인 관찰시간을 요하는데, 이것은 착유 혹은 사료 섭취 시간을 제외한 시간이며 우군관리에 지장이 되지 않는 시간, 예를 들면 오전 8시, 오후 2시 및 오후 9시인데, 마지막 시간이 가장 중요하다.
- 소가 발정 행동을 나타낼 수 있도록 충분한 공간과 양호한 바닥면
- 모든 발정기에 대한 기록

1.9 발정 발견을 향상시키는 보조기구

- 미부 페인트는 천골과 꼬리뼈의 기시부 사이에 칠해지며, 소가 승가를 허용하여 마찰에 의해 페인트가 지워지게 된다. 이 방법은 세심한 관찰을 통해서 실시될 때 값싸며 매우 효과적이다. 만약 페인트를 칠한 면이 손상되거나 벗겨지게 되면 다시 페인트를 칠하여 복구시킬 필요가 있다.
- KaMar 발정-승가 탐지기(그림 1.4)가 미부 페인트를 이용한 방법에서 기술되었던 것과 동일한 양식으로 적용된다. 이러한 기구는 미부 페인트 방법에 비해 비용이 많이 들며, 때때로 승가에 의해 이 기구의 위치가 변화될 수 있기 때문에 부착된 소들을 잘 관찰해야 한다.

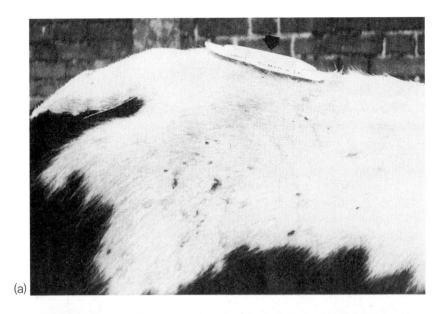

그림 1.4. KaMar 발정−승가 탐지기가 천골 부위에 부착된 소 (a) 사용 전의 기구: 흰색의 플라스틱 덮개를 주목(⬇) (b) 사용 후의 기구: 플라스틱 덮개가 붉은 색을 나타냄(⬇)

- 영상기록 장치가 연결된 CCTV를 선택적으로 사용 시 매우 유용한데 예를 들면, 소들이 관찰되지 않는 야간의 경우이다. 이 때 개체의 확실한 확인이 중요하다.
- 시정 수소 또는 수컷화된 암소는 관찰 중인 소들이 chin-ball 기구와 같은 형태의 표시를 통해 발정 중인 소를 확인할 수 있다. 수소를 이용하는 경우에는 안전 문제와 성병의 확산 위험이 있다.

- 일정한 생리적인 변화의 측정 즉, 체온의 증가, 질내 또는 질점액의 전기저항의 변화가 이용될 수 있으나, 이것은 특별한 장비를 요한다.
- 우유 중 프로게스테론 분석은 발정의 개시를 예측할 수 있다. 이 방법은 일상적으로 분만 후 25~30일부터 격일로 사용될 수 있다. 다른 방법으로, 발정 관찰 후 소가 수정된 경우, 우유 샘플은 수정 후 19일 또는 17일, 19일, 21일이나 16일, 18일, 20일에 채취될 수 있다. 프로게스테론의 낮은 농도는 소가 발정에 가까워졌거나 발정 중에 있음을 나타내며, 더욱 세심한 관찰이 필요하다.
- 발정과 배란의 동기화 후 지정된 시간에 인공수정(정시수정)을 실시함으로써 발정 발견의 필요성을 배제하는 것이 가능하다.

1.10 발정주기의 인위적인 조절방법

발정주기를 인위적으로 조절하기 위해서는 해당 동물은 반드시 성성숙에 도달해 있어야 하며, 정상 주기활동 중에 있어야 한다.

(1) 황체의 수명을 단축시키는 방법
(2) 황체의 기능을 대신하는 외인성 프로게스테론을 투여하는 방법

1.11 황체 수명의 단축

$PGF_{2\alpha}$는 소의 체내에서 분비되는 천연의 황체용해제이며, 다음의 발정 전에 황체를 소멸시키는 역할을 한다. 따라서 $PGF_{2\alpha}$ 또는 그 유사체를 황체가 있는 소에 비경구적으로 투여하면 황체는 조기 퇴행을 일으키며 발정이 도래하게 된다. 그러나 배란 후 첫 4~5일의 황체에는 반응하지 않으며, 더욱이 발정주기의 16일 혹은 17일 즉 황체가 이미 퇴행하기 시작하였을 때도 반응하지 않게 된다.

1.12 프로게스타겐 – 사용 원칙

외인성 프로게스테론 혹은 합성 프로게스타겐은 인공적인 황체로서의 기능을 한다. 이것이 시상하부/뇌하수체 축에 대한 음성 피드백효과를 나타내어 주기활동을 억제한다. 기능적인 황체가 존재하지 않는 시점에서 프로게스테론 혹은 합성 프로게스타겐의 투여를 중지했을 때, 발정이 재귀되며 난소의 주기활동이 회복된다.

한 군의 소에서 프로게스타겐의 투여를 동시에 중지시킬 때, 황체로부터 분비되는 내인성의 프로게스타겐이 없을 경우 효율적인 동기화가 이루어지게 된다. 이러한 이유로 황체의 퇴행을 유도하거나 황체의 형성을 방지하는 것이 필요하다.

Progesterone-releasing intravaginal device(PRID)를 이용한 발정동기화

프로게스테론을 방출시키는 질내 삽입장치(PRID)는 1.55g의 프로게스테론과 10㎎의 estradiol benzoate 캡슐을 포함하는 비활성 탄성중합체로 덮여 있는 스테인리스강의 편평한 코일 형태이다(그림 1.5).

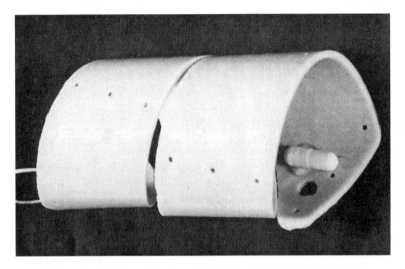

그림 1.5. 프로게스테론을 방출시키는 질내 삽입장치(PRID)

● 경산우 혹은 미경산우는 임신우가 아니어야 하며, 이전 20일 이내 분만하지 않았고 생식기 감염이 없어야 하며, 양호한 몸 상태에 있어야 한다.
● 외음부를 부드럽게 닦아 오염을 방지하여 PRID를 질 전방으로 삽입한다.
● 약 12일 후에 PRID를 제거하면 2~3일 후 발정이 나타난다. 정시 인공수정은 제거 후 48시간과 72시간에 실시하거나 혹은 제거 후 56시간에 단 1회 실시할 수 있다.
● PRID를 제거한 후 수일 후에 소가 발정 행위를 나타내면 정상적으로 수정을 실시하여야 한다.

발정동기화의 정도는 개체 차이가 클 수 있는데, 그것은 estradiol benzoate가 불완전한 황체용해 및 항황체자극 제재이기 때문이다. 만약 PRID를 8일 정도로 짧은 기간 장착하고 PRID 제거 24시간 전에 $PGF_2\alpha$를 투여해 주면, 더 나은 결과를 얻을 수 있다.

일부 개체에서는 삽입된 PRID가 배출될 수 있으며, 많은 예에서 질 분비물이 존재할 수 있지만 제거 후 자발적으로 해소되기 때문에 치료는 불필요하다.

Controlled intravaginal drug release(CIDR)를 이용한 발정동기화

CIDR는 Y형의 플라스틱 몸체에 1.9g의 프로게스테론을 함유하고 있는 탄성중합체로 덮여 있는 기구이며, 플라스틱 손잡이 끈은 기구의 제거에 이용된다(그림 1.6).

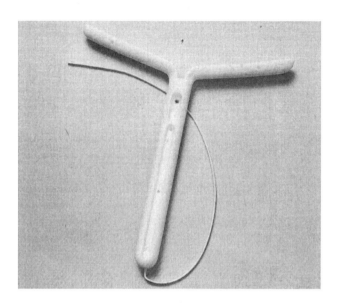

그림 1.6. 질내 프로게스테론 방출 장치(CIDR)

사용법은 PRID에서 기술된 것과 비슷하나 에스트라디올 캡슐이 없는 경우에는 PGF$_2$α가 반드시 투여되어야 한다는 것이 다르다. 사용법은 아래와 같다.

● 삽입기를 이용하여 청결하고 조심스럽게 CIDR를 질내에 삽입한다.
● 7~12일 후 플라스틱 손잡이 끈을 부드럽게 당겨서 CIDR를 제거한다.
● 황체용해 용량의 PGF$_2$α 또는 유사체를 CIDR 제거일 또는 삽입 6일 이후에 투여한다.
● 발정은 CIDR 제거 후 48~96시간에 나타나며, 정상적인 시간에 수정시키거나 56시간에 정시수정 시킨다.

Norgestamet를 이용한 발정동기화

Norgestamet는 3㎎의 활성물질을 포함하는 피하 중합체 삽입물로서 강력한 합성 프로게스타겐이다.

● 미경산 육우 및 젖소 그리고 포유 경산우에만 사용할 수 있다. 우유는 사람이 음용해서는 안 된다.
● 투여 개체는 반드시 분만 후 45일이 경과되어야 한다.

- 경산우 또는 미경산우는 임신우가 아니어야 하며 양호한 몸 상태에 있어야 한다.
- 3㎎ Norgestamet를 포함하고 있는 주입물(implant)을 귀의 저부에 피하로 삽입함과 동시에 3㎎ Norgestamet와 5㎎의 estradiol valerate를 근육으로 투여한다.
- 9~10일 후에 주입물을 제거한다.
- 발정은 2~3일 후에 나타나며 정시 수정은 주입물 제거 후 48시간과 72시간에 실시하거나 또는 56시간에 단 1회 실시할 수 있다.

주입물의 제거 24시간 전에 $PGF_2\alpha$를 투여하면 보다 효과적인 발정동기화를 얻을 수 있는데, 그것은 estradiol valerate가 불완전한 황체용해 작용을 하기 때문이며 특히 발정 휴지기의 초기에 더욱 그렇다.

1.13 $PGF_2\alpha$ 또는 유사체를 이용한 발정동기화

발정동기화를 위해서는 $PGF_2\alpha$ 또는 유사체를 11일 간격으로 2회 주사하여야 한다. 두 번째의 주사 시 황체퇴행에 반응하는 황체가 있을 것이며, 2~5일후 발정이 나타난다.

발정동기화 처리 이전 준비사항:

- 동물의 신체 상태를 체크한다. 특히 미경산우에서 중요하며, 일당 0.7㎏ 증체율의 양호한 몸 상태에 있어야 한다.
- 동물이 임신되지 않았음을 확인하고, 미경산우인 경우에는 직장검사로 생식기계가 정상임을 확인한다.
- 인공수정센터에 연락을 하여 인공수정 예정일에 적절한 정액이나 인공수정사가 있는지를 확인한다.

그 후에

- $PGF_2\alpha$ 또는 유사체를 이용하여 모든 동물에 주사한다(PG_1).
- PG_1 투여 11일 후 반복 투여한다(PG_2).
- PG_2 처리후 72~84시간에 정시 수정을 하거나, 72시간과 96시간에 혹은 72시간과 90시간에 2회 정시 수정을 한다(제조 회사에 따라 권장 방법이 다양).
- PG_2 처리 후 5~6일에 허용발정을 나타내는 모든 개체는 수정시킨다. 발정동기화는 경산우에 비해 미경산우가 보다 양호하다.

발정동기화의 실패 원인

- 잘못된 주사, $PGF_2\alpha$가 지방조직에 투여되었거나 주사액의 다량이 소실되었을 때
- 투여 동물에서 발정주기가 없을 때
- $PGF_2\alpha$에 반응할 황체 형성에 지연이 있을 때: 배란 후 오랫동안 프로게스테론 농도가 낮게 유지되는 소에서 가장 흔히 발생

수태율(임신율) 저하 원인

- 영양 불량, 특히 미경산우와 비유량이 많은 경산우
- 동물 관리 또는 다른 군과의 혼합과 관련된 스트레스
- 최근에 구입한 동물의 발정동기화, 즉 이동에 의한 스트레스
- 수정사의 피로

보완책

양호하고 정확한 발정 발견과 동시에 다음의 보완책이 이용될 때 더 향상된 수태율을 얻을 수 있다.

- $PGF_2\alpha$ 또는 유사체를 모든 동물에 주사(PG_1)
- 발정 증상 관찰 후 경산우와 미경산우를 정상적으로 수정
- 11일 후까지 발정이 관찰되지 않은 동물에게는 두 번째의 $PGF_2\alpha$ 또는 유사체를 주사 (PG_2)
- 1.3에서 기술된 것과 같이 정시 수정

이러한 보완책을 통해 노동력이 절감되고, 프로스타글란딘의 투여량이 감소할 수 있다.

소에 유용한 프로스타글란딘과 유사체

- Dinoprost: 자연적으로 존재하는 $PGF_2\alpha$의 합성제재, 25㎎ 용량
- Cloprostenol: 합성유사체, 500μg 용량
- Luprostiol: 경산우에서는 15㎎, 미경산우에서는 7.5㎎ 용량

1.14 생식기계의 임상 검사

생식기계는 직장검사와 직장을 통한 B-모드 초음파검사를 이용하여 검사할 수 있다. 질전정, 질 및 외자궁구는 손에 의한 검사나 질경을 이용하여 시각적으로 검사할 수 있다. 이러한 절차를 시작하기 전에 질, 회음부와 체표면의 세심한 검사가 중요하다.

외부 검사

- 미근부에 털이 헝클어졌는지 혹은 벗겨졌는지를 검사한다. 이것은 다른 소의 승가를 허용하였다는 것을 의미하며, 발정이 있었음을 시사한다.
- 겸부에 다른 소가 승가하였음을 암시하는 진흙투성이 혹은 지저분한 발굽자국이 있는지를 검사한다.
- 분비물의 흔적을 검사하기 위하여 회음부와 꼬리를 검사한다. 이것은 발정기, 발정후기 또는 분만 후 오로와 관련되는 생리적인 분비물일 수 있거나 염증성 삼출물 또는

농과 관련되는 병적인 것일 수도 있다.

● 새로 생긴 것인지, 손상 후 치유된 것인지를 확인하기 위하여 음문을 검사한다. 음순을 벌려서 전반적인 점막의 색조와 구진, 수포, 궤양 또는 융기된 육아종성 병변의 존재를 검사한다.

● 비유의 단계를 확인하기 위하여 유선을 검사한다.

● 분만이 가까워진 소에서는 골반과 골반인대의 이완 정도를 검사한다.

질경을 이용한 질검사

질경을 사용할 때는 각각의 소에 대하여 멸균된 질경을 사용하거나 무균 질경가드튜브를 사용할 수 있다(그림 1.7). 질경은 일반적으로 자체 광원을 가지고 있으나 재래식 질경은 전등 또는 휴대용 광원이 필요하다.

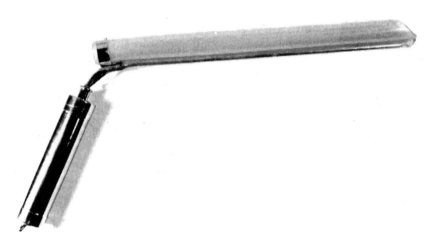

그림 1.7. 질경

자체-조명 질경을 사용하는 절차는 아래와 같다.

● 음문을 철저하게 청결하게 한다.

● 음순을 벌려서 윤활제를 바른 질경을 부드럽게 수평면으로부터 약 30° 각도로 삽입하여 질전정 위쪽으로 진행한 후, 그 다음에는 수평으로 골반저부 위로 진행시킨다.

● 질경이 삽입될 때 비정상적인 구조뿐만 아니라 질점막과 액체의 색조와 외관에 유의한다.

● 자궁경관도로부터 유출된 액체의 존재뿐만 아니라 외자궁구의 색조, 형태 및 확장 정도에 유의한다.

● 질 전방에 고여 있는 액체의 존재에 유의한다.

손을 이용한 질검사

미경산우에서는 불가능하다.

● 깨끗하고 윤활제를 바른 장갑을 착용한 손을 부드럽게 질내로 삽입한다.
● 협착, 화농 및 기타 비정상의 존재에 유의한다.
● 자궁경관을 촉진하여 외자궁구의 열상, 병변 및 확장 정도를 확인한다.
● 질 전반 저부에 존재하는 액체를 손바닥으로 배출시켜 검사하고 오줌이 고여 있는지를 유의한다.

직장검사

규칙적인 검사가 요구되며, 검사하는 동안 외음부로부터 분비액이나 분비물의 유출에 대해 관찰하여야 한다.

질은 탄력이 없고 얇은 벽을 가지고 있기 때문에 이전 질 검사에서 질을 확장시킨 결과로 일시적인 기질의 형성이 없다면 확인하기가 어렵다.

자궁경관은 생식기계의 중요한 지표이다. 골반연과 관련하여 자궁경관의 위치, 크기, 형태 및 이동성의 정도에 유의한다. 미임신 미경산우에서 자궁경관의 직경은 약 2~3㎝, 길이는 5~6㎝ 정도이다. 임신 중 더욱 커지게 되며, 비록 분만 후 수복이 일어나더라도 전반적인 크기는 연속된 임신으로 증가된다. 노령의 다산 경산우에서 크기는 직경 5~6㎝, 길이는 10㎝까지 달하게 된다. 자궁경관은 전방으로 약간씩 가늘어지며, 환상의 추벽을 촉지할 수 있다. 분만 혹은 인공수정 시 손상과 관련된 화농은 심한 만곡을 야기한다.

미경산우에서 자궁경관은 항상 골반 내에 존재하는 한편, 정상적인 미임신의 경산우에서는 골반연 위에 또는 약간 지나서 위치한다. 임신이 진행될수록 골반연을 지나 더 멀리 복강 내로 당겨진다.

정상적인 미임신 동물에서 자궁경관은 측방으로 그리고 전·후 방향으로도 자유롭게 이동한다. 임신이 진행되면 임신자궁각의 견인 시 유착, 자궁축농증 및 종양과 같은 병적 상태에서처럼 이동성이 감소한다.

자궁각의 분지는 자궁경관 바로 전방에서 확인할 수 있는데 특히 자궁분지부가 골반연에 대하여 압착되어 있을 때 양자궁각이 나누어지기 전 부분에서 틈새 또는 갈림 모양으로 나타난다(그림 1.8).

자궁각은 처음에 아래쪽 및 전방으로 구부러지며, 그 뒤 자궁경관으로부터 5~6㎝ 지점에 위치하는 선단부를 향하여 후방 및 위쪽으로 구부러진다(그림 1.8). 자궁각의 크기는 동물의 임신 여부, 임신 단계, 분만 후 경과 또는 병적 상태를 겪고 있는지에 달려 있다.

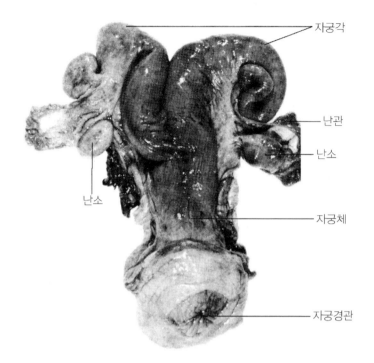

그림 1.8. 암소의 생식기도

비임신 자궁각의 길이는 약 35~40㎝이며, 직경은 4~5㎝ 정도이다. 양자궁각은 크기에 있어서 거의 비슷하다. 임신 시와 분만 직후에는 불균형이 있다. 계속되는 임신으로 자궁각은 약간씩 크게 된다.

자궁각은 촉진 시에 확인할 수 있는 주기적인 변화를 진행한다. 발정휴지기 동안 자궁각은 이완되어 있어 자궁각의 전체 길이에 대한 윤곽을 확인하기는 어렵다. 황체가 퇴행됨에 따라 발정 1~2일전 난포의 발육이 있으며 자궁의 긴장도는 증가하여 자궁각이 붓게 되며 특히 자극을 주었을 때 코일처럼 감기게 된다. 긴장도는 발정기 중 증가되며, 발정 및 배란 후에 감소하게 되나 1~2일 이상 더 지속된다.

난관은 길이가 20~25㎝ 정도이며 둘둘 감긴 구조이다(그림 1.9). 난관이 정상적일 때 촉진에 따른 확인이 어렵다. 따라서 확인이 쉽게 되면 그것은 보통 비후 또는 종대 되었음을 암시한다(그림 7.3).

난소낭은 직장검사를 통하여 촉진하기 어렵다. 그것은 난소의 표면으로부터 벗겨져야 한다(그림 1.10).

난소는 대만부 근처의 자궁각을 지나서 위치하고 있으며, 손가락 끝으로 자궁경관을 향하여 뒤로 부드럽게 지나면 촉지된다.

그림 1.9. 난소와 정상적으로 둘둘 감긴 형태의 난관

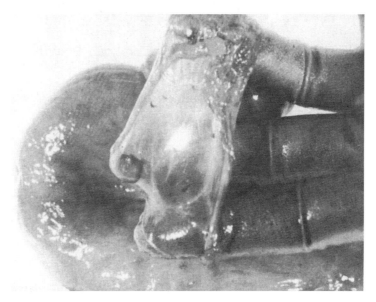

그림 1.10. 난소낭

다른 방법으로는 자궁경관과 분지가 위치는 곳에서 손가락을 아래쪽 골반저와 골반 연을 양쪽을 향하여 스쳐 내려가면 촉지할 수 있다. 미경산우의 난소는 보통 골반 내에 위치하고 있으나, 다산 경산우에서는 보통 골반연 바로 위에 또는 지나서 위치한다. 임신이 진행되면 난소는 복강 아래로 당겨지게 되어 촉지되지 않는다.

난소의 촉진 시 위치, 크기 및 구조의 특징이 평가되어야 한다. 촉진되는 구조물은 난포, 황체화 난포, 황체, 낭종 및 백체이다.

난포는 크기가 다양한데, 최대 직경이 2~2.5㎝에 달한다. 난포는 액체로 충만되어 있어, 촉진 시 파동감을 느낄 수 있다. 직장검사 시 확인의 용이성은 난포의 크기, 난소 내 위치 및 다른 구조물의 존재에 의존된다. 난포 발육은 발정주기 전체에 걸쳐서 발생되며, 난포는 성숙 황체가 존재하는 발정휴지기 중기에 직경 1.3~1.5㎝ 정도로 존재한다 (그림 1.11). 난소에서 난포만을 확인하는 것은 발정주기의 단계를 평가하는데 큰 가치가 없다.

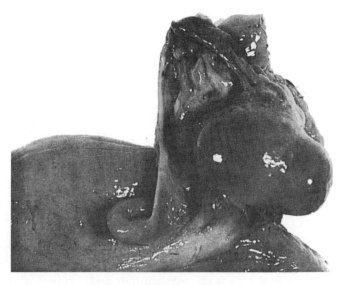

그림 1.11. 성숙 황체와 발정휴지기 중기 난포를 포함하는 난소

황체화 난포는 흔하지 않으나 분만 후 정상적인 주기활동이 재개되기 전인 분만 직후에 가장 흔히 나타난다. 이것은 무배란성의 난포의 황체화로부터 발생된다. 직장검사에 의한 확인은 어렵다. 직경이 약 2~2.5㎝이며 정상 난포보다 약간 두꺼운 벽을 가진다. 수명은 비록 짧지만 황체와 비슷한 기능을 가진다.

황체는 배란의 결과로서 형성된다. 따라서 황체가 촉진되면 그 소는 이전 어느 시기에 배란이 되었다는 것을 즉석에서 추정할 수 있다. 황체는 발정휴지기 또는 임신과 관련되며 간혹 황체가 지속되면 자궁축농증과 관련될 수 있다.

성숙 황체는 생리적으로 난소 크기의 증가를 초래하는 구조물이나 항상 황체의 확인이 가능한 것은 아니다. 따라서 때로는 황체의 존재는 추정에 의할 수 있다. 황체 존재의 확정은 우유 또는 혈장 프로게스테론 농도의 증가 혹은 직장을 통한 초음파검사에 의해 이루어질 수 있다(그림 1.16f~h).

황체의 나이는 크기와 경도에 의해 평가될 수 있으나 두 가지 방법 모두 정확한 것은 아니다. 배란 직후 배란이 일어난 부위가 약간 함몰되어 있는 것을 촉진하는 것은 가능하다. 이 시점에는 자궁 긴장도가 현저할 수 있다(표 1.1). 황체가 발육하면 난소는 커지고, 황체는 보통 난소의 표면으로 돌출되기 시작한다. 이 때 촉진 시 부드럽고 유연함을 느낄 수 있다. 황체는 발정 후 7~8일에 직경 2.5~3㎝ 정도로 최대 크기에 이르게 되며 황체가 수축되기 시작하여 단단하게 되며, 동시에 자궁 긴장도도 증가되는 16~17일까지 그 정도의 크기로 유지된다(표 1.1). 발정주기의 7~17일 동안 난소 크기의 변화는 난포 발육 및 퇴행에 기인된다(그림 1.12, 1.13).

많은 비율의 황체에서 중심에 액체가 차있는 강 혹은 액포가 발견되는데 이러한 구조는 정상적인 것이다(그림 1.14, 그림 1.16g와 h).

황체의 촉진의 용이성과 정확성은 난소 표면으로의 돌출 정도와 모양에 달려있다.

표 1.1 발정주기 중 난소와 관상 생식기도의 변화

발정주기일	난소	자궁	질 분비물
0(발정)	퇴행 황체(<1㎝) 난포(1㎝)	심하게 긴장되고 코일처럼 감긴 자궁각, 촉진 시 긴장도 증가	풍부하고, 깨끗하며 탄성이 있는 점액
1(배란)	퇴행 황체 (<1㎝) 부드러운 배란와	긴장도가 있으며 코일처럼 감긴 자궁각	어느 정도 깨끗하거나 탁한 점액
3	발육 중인 부드러운 황체(직경 1~1.5㎝)	약간의 긴장도	밝은 적색, 혈액성의 탁한 점액
7~17	완전히 형성된 황체 (직경 2.5~3㎝) 난포(직경 1㎝ 까지)	이완된 자궁	분비물 없음
17~19	단단하고 퇴행 중인 황체(직경 <1.5㎝)	중정도-양호한 긴장도	분비물 없음
21	0일과 같음		

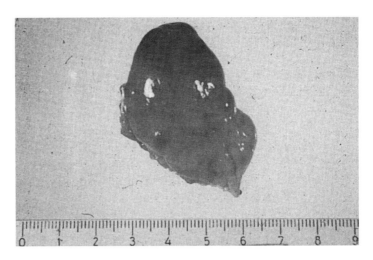

그림 1.12. 성숙 황체를 포함하는 난소

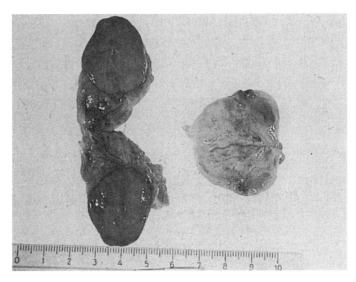

그림 1.13. 발정휴지기 중기의 소에서 양쪽 난소의 단면. 좌측 난소에는 완전히 형성된 성숙 황체가 있으며, 우측 난소에는 하나의 소난포와 이전 발정주기의 퇴행황체의 잔존물이 존재한다.

 낭종은 직경이 2.5㎝ 이상이고 액체가 고인 구조물로 지속되며, 보통 비정상적인 번식행동과 관련이 있다(그림 1.16i와 j).
 백체는 융기되어 있는 흰 구조물이며 임신 황체의 잔존물이다. 그것은 소의 생애를 통하여 남게 되며, 노령의 다산우에서는 모래와 같은 감촉을 느끼게 한다.
 발정주기 중 생식기도의 변화는 표 1.1에서 보여준다.

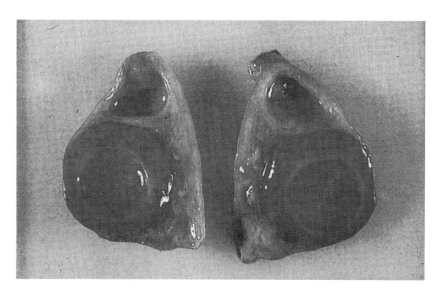

그림 1.14. 발정휴지기 중기에 있는 소의 난소 단면. 액포가 있는 황체와 소형의 난포에 주목

1.15 초음파검사

원리

소의 생식계는 B-모드 초음파진단법을 이용하여 검사할 수 있다. 그림 1.15는 초음파검사 장비 유형의 일례를 보여준다.

● 초음파의 공급원은 탐촉자 내에 있는 피에조 결정체이다(그림 1.15에 있는 유형에서는 피에조 결정체가 평행열로 존재하기 때문에 선형 배열(리니어 어레이)이란 용어를 사용한다).

● 조직으로 투과해 들어간 초음파는 탐촉자로 반사되어 스크린에 영상을 형성하게 된다.

● 난포, 낭종 및 태낭과 같이 액체가 채워진 구조물은 음파를 잘 반사하지 못하는데 이러한 것을 무에코발생 혹은 비에코발생으로 분류되는 반면, 뼈 또는 근육과 같은 단단한 조직은 용이하게 초음파를 반사하여(99%까지) 고에코발생으로 분류된다. 무에코성 구조물은 검게 나타나며 고에코성 구조물은 희게 나타나는데 여러 다른 조직들에서 다양한 회색의 색조를 보여준다.

● 반사의 정도가 상이한 실시간의 이차원적인 영상을 화면에 나타나게 하며, 영상화된 조직은 직사각형의 모양으로 된다.

● 소에서는 일반적으로 여러 유형의 탐촉자가 직장을 통한 초음파검사에 사용된다. 5㎒는 7.5㎒ 탐촉자에 비해 더 양호한 조직 투과력을 나타내나 낮은 해상도를 보여준다.

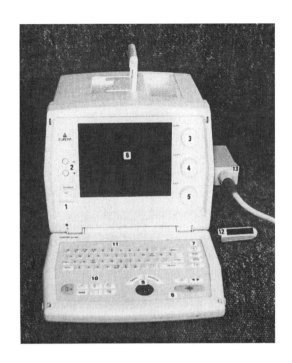

기호표

1. on/off 점멸 스위치
2. Monitor controls: 화면의 밝기/명암은 프린터와는 독립되어 있다.
3. Overall gain: 반사되는 에코에 대한 탐촉자의 민감도
4. Near gain: 표면상의 에코에 대한 탐촉자의 균형 민감도
5. Far gain: 깊은 에코에 대한 탐촉자의 균형 민감도
6. Screen: 선형 및 섹터 영상 모두에 적용되는 영상의 표현
7. Screen mode: 분열 및 동작 모드
8. Freeze: 종종 케이블이 연결된 페달로 보완된다.
9. Measurement: 난포 직경, 벽의 두께, 면적 측정
10. Processing mode: 흐린 눈금, 가장자리의 영상, 화면 속도의 조정
11. Keyboard: 이름, 메모, 진단 입력
12. Probe: 3-7.5㎒, 적용에 따라 선형 혹은 섹터
13. Probe connector: 탐촉자 연결장치

그림 1.15. 휴대용 B-모드 초음파진단기(출처: Stephen Constable, BCF Technology Ltd.)

기술

소의 생식기의 영상을 비추기 위한 B-모드 초음파의 사용은 직장 점막을 손상시키지 않기 위하여 훈련, 인내 및 주의를 요한다.

- 직장으로부터 분을 제거한다.
- 직장검사용 장갑을 낀 팔과 탐촉자의 표면에 충분한 양의 산과용 윤활제를 적용한다.
- 탐촉자를 엄지손가락과 네 번째 손가락 사이의 손바닥으로 감싸면서 부드럽게 탐촉자를 직장 내에 삽입한다. 다른 손으로 케이블을 지지해준다.

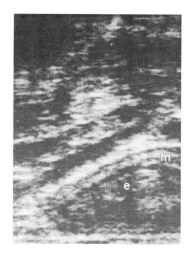

그림 1.16a. 비임신 자궁각의 횡단면: 자궁내막(e)과 근육(m)

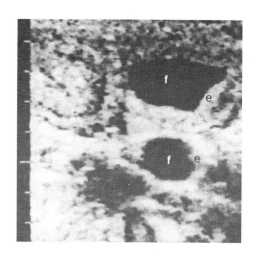

그림 1.16b. 임신 25일령 자궁각의 횡단면: 요수(f)와 자궁내막(e)을 포함하는 코일처럼 감긴 자궁각의 두 단면

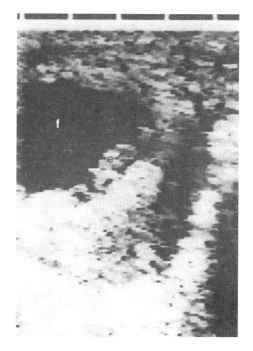

그림 1.16c. 임신 35일령 자궁각의 횡단면(눈금: 6.5㎜): 태수(f)로 둘러싸인 태아(e)

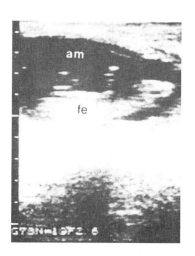

그림 1.16d. 임신 55일령 자궁각의 횡단면(눈금: 6.5㎜): 양수(am)에 의해 둘러싸인 태아(fe)

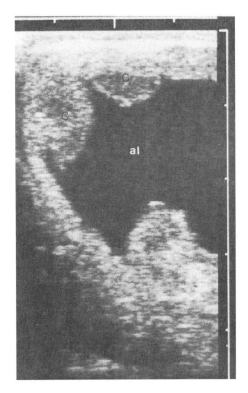

그림 1.16e. 임신 중기의 자궁각 횡단면 (눈금: 6mm): 자궁소구/궁부(c)와 요수(al)

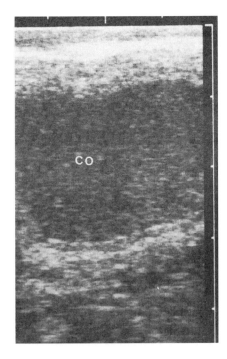

그림 1.16f. 특징적인 소반점의 에코결을 가지며 난소 기질로부터 명확한 경계를 나타내는 황체(co) (눈금: 6mm)

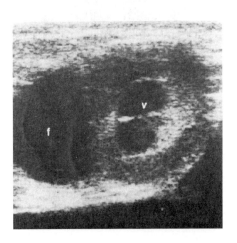

그림 1.16g. 중심부의 액포(v)가 있는 황체와 주기 중기의 난포(f)(눈금: 6.5mm)

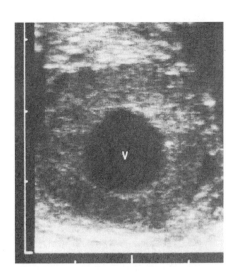

그림 1.16h. 중심부에 액포(v)가 존재하는 황체(눈금: 6.5mm)

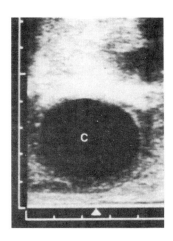

그림 1.16i. 직경 3cm 이상의 난포낭종(c)을 가지고 있는 난소(눈금: 6.5mm)

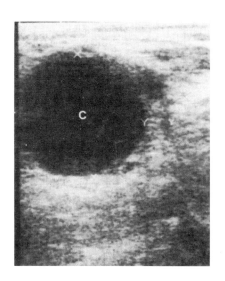

그림 1.16j. 직경 3cm 이상의 황체낭종(c)을 가지고 있는 난소. 벽이 두껍지 않음(x-y)

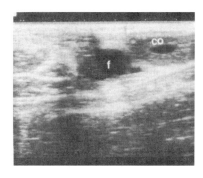

그림 1.16k. 액포를 가지는 황체(co)와 난포(f)가 있는 난소(눈금: 6.5mm)

(그림 1.16a~k의 출처: Stephen Constable, BCF Technology Ltd.)

탐촉자를 가볍게 눌러 생식기 구조물과 근접한 직장벽과 가깝게 접촉을 하면서 엄지손가락과 네 번째 손가락으로 그 구조물을 확인한다.

● 자궁경관, 자궁각 및 난소의 순서로 초음파검사를 실시한다.
● 자궁경관과 난소는 쉽게 종단면상을 얻을 수 있지만, 자궁각은 코일처럼 말려있어 종단면상을 얻을 수 없으며 횡단면상을 얻는 것이 최선이다. 전체의 구조물을 확인하기 위해서는 탐촉자를 종축에 대하여 부드럽게 회전하면서 검사하는 것이 필요하다.

구조물의 확인

그림 1.16a~k는 흔히 관찰되는 구조물의 모양을 보여준다.

제2장 임신

2.1 배란

배란된 난자는 발정 중과 발정 후에 난소 표면에 근접하게 위치하고 있는 인접한 난관 채로 진입한다. 난자는 수정이 이루어지는 난관팽대부로 섬모운동, 연동수축 및 난관 분비액에 의해 운반된다(그림 2.1). 지연 또는 조기 운반은 난자의 생존성에 영향을 줄 수 있다. 난자는 배란 후 8~12시간동안 수정능을 보유할 수 있으나, 가장 양호한 결과는 6시간 이내이다.

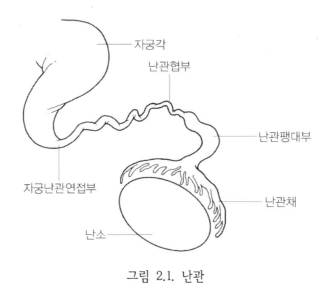

그림 2.1. 난관

2.2 수정

소수의 정자가 교배 혹은 인공수정 후 15분 이내에 난관에 도달하지만, 양호한 수정률을 보장하기 위한 충분히 많은 정자가 난관에 존재할 때까지 자연교배 후 적어도 6~8

시간을 요한다. 인공수정으로 정자를 자궁에 주입할 때는 약간 단축될 수 있다.

정자는 수정 능력을 획득하기 전 성숙 과정을 진행한다. 이 과정을 수정능획득과 첨체반응이라고 한다. 이러한 과정은 자궁 분비액과 난포액에 의해 촉진되며, 4시간이 소요된다. 정자의 운동성은 15~56시간 지속된다. 정자는 30~48시간까지 수정 능력이 있으나, 15~20시간 후에는 수정 능력이 감소된다.

하나의 정자가 투명대를 관통하면 다른 정자들은 일반적으로 난황차단에 의해 투명대의 관통이 차단된다. 여러 정자가 난자를 관통하였을 때 그것을 다정자침입이라고 하며, 발육 수정란은 죽게 된다.

2.3 수정란의 발육

아래 표 2.1은 수정란의 발육과정을 나타낸다. 기관계가 형성된 후 태아로 불려진다.

표 2.1 수정란의 발육

배란 경과 일자		수정란의 발육
0~1		1세포
1~2	(난관)	2세포
1~2		4세포
2~3	(자궁진입)	8세포
3~6		상실배
6~9		배반포
8~10		탈출배반포
12~14		배반포의 신장
13~16		양막 형성
20~28		자궁소구 근처 영양막에 첫 변화
24~28		완전한 요막의 형성
35		요막 내 요수의 충만과 임신각으로 팽창
45		기관발생의 완료

2.4 태막

양막은 외배엽성 소포의 바깥주름으로서 수정 후 약 13~16일부터 형성된다. 양막은 제륜을 제외한 태아를 완전히 둘러싸는 이중벽의 주머니(낭)가 된다(그림 2.2). 양막은 상당히 질긴 투명막이다.

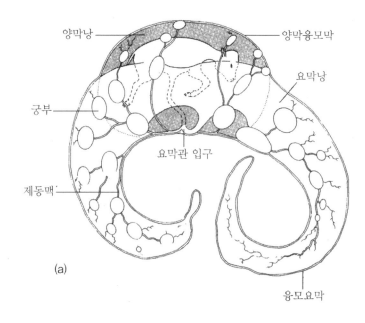

양막낭

양막융모막

요막낭

궁부

요막관 입구

제동맥

(a)

융모요막

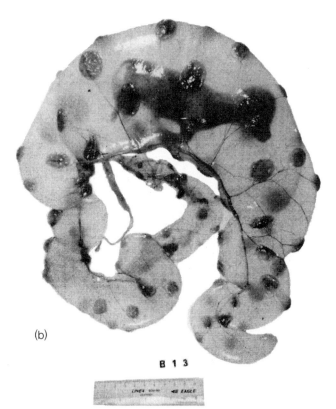

(b)

그림 2.2. (a)와 (b): 궁부를 보여주는 송아지의 태막(그림 a 출처: Steven, D.H. (1982) Placentation in the mare. *Journal of Reproduction and Fertility*, Suppl. 31, 41-5)

요막은 배아 후장으로부터의 생성물로서 수정 후 14~21일에 나타난다. 바깥 부분은 영양막과 융합하여 요막융모막을 형성하며, 혈관이 매우 풍부한 구조로 태반의 형성에 포함된다(그림 2.2).

2.5 태수

양막은 물리적인 손상과 감염 가능성으로부터 태아를 보호하는 양수를 둘러싸고 있으며, 배설을 위한 수단을 제공한다. 임신 말기에 가까워질 때 양수는 점착성이 있으며, 분만 시 윤활제의 역할을 하여 송아지의 만출을 용이하게 한다.

요수는 수양성이며 물리적인 외상으로부터 태아를 보호하고 요막관을 통하여 태아 요의 저장 공간을 제공한다.

임신 중 대략적인 태수의 양은 표 2.2에 나타나 있다.

표 2.2 임신 중 대략적인 태수의 양

임신 단계(일)	양수(㎖)	요수(㎖)
30	0.5	55
35~45	21	140
46~60	96	202
61~90	375	415
91~120	1,450	1,170
121~150	3,026	1,417
151~180	2,544	2,638
181~210	1,541	4,672
211~240	2,028	4,893
241~만기	2,272	9,862

태수의 총량은 임신기간을 통하여 점진적으로 증가하며 70~80일에 빠른 증가를 보인다. 임신 첫 1/3기간 동안 요수의 양이 양수의 양보다 많으며, 2/3기간 동안 양수의 양이 요수의 양보다 많아지지만, 마지막 1/3기간은 요수의 양이 양수의 양보다 많게 된다. 동일 임신 연령의 개체 태아에 있어서도 태수의 양에는 매우 큰 변이가 존재한다.

2.6 태아의 성장과 크기 측정(정미장)

단태 태아의 평균 체중은 표 2.3에서 보여준다.

표 2.3 단태 태아의 평균 체중[*]

임신 단계(일)	태아 체중	정미장(cm)
30	0.3~0.5g	0.8~1
40	1~1.5g	1.75~2.5
50	3~6g	3.5~5.5
60	8~30g	6~8
70	25~100g	7~10
80	120~200g	8~13
90	200~400g	13~17
120	1~2kg	22~32
150	3~4kg	30~45
180	5~10kg	40~60
210	8~18kg	55~75
240	15~25kg	60~85
270	20~50kg	70~100

[*] 쌍태 송아지는 비교적 작으며, 단태 송아지에 있어서도 상당한 개체 및 품종의 변이가 있다. 3.4에서 쌍태 와 삼태 그리고 3.5에서 프리마틴 참조.

2.7 태아 연령의 평가

태아의 연령을 산출하는 여러 공식이 만들어졌으며, 정미장(머리엉덩이길이, CRL) 측정 을 통하여 산출할 수 있다.

태아의 일령을 산출하는 공식 = 2.5 × (정미장 cm + 21)

따라서 만약 CRL = 10cm이면

태아 일령 = 2.5 × (10 + 21)

= 2.5 × 31

= 77.5일

또는 정확성은 떨어지지만 다른 방법으로

태아의 월령을 산출하는 공식 $= \sqrt{2 \times 정미장(인치)}$

따라서 만약 CRL = 4.5 인치이면

태아의 월령 $= \sqrt{2 \times 4.5}$

$= \sqrt{9}$

= 3개월

2.8 태반

소의 태반은 분명하게 한정된 난원형 또는 원형의 요막융모막 구역, 즉 궁부에 제한되어 있으므로 궁부성 태반 또는 다상태반으로 불려진다(그림 2.2b). 이것은 자궁내막의 특정한 부위에 근접한 장소인 자궁소구에서 발생된다.

태반은 조직학적 구조, 특히 모체와 태아의 순환을 분리하는 조직 층의 수에 따라 분류할 수 있으며, 일반적으로 상피융모태반이라 부른다. 그러나 자궁내막에 정열되어 있는 초기 태아-모체 유래 융합체와 임신기 동안 융모막 세포의 계속적인 이주와 융합 때문에 유사상피융모태반이라는 용어가 더욱 적절하다. 태아와 모체 유래 조직 사이의 접촉면은 깍지 낀 손모양으로 단단히 얽은 융모막 융모와 자궁소구와를 포함한다. 더욱이 아교선으로 불리는 점착성의 단백질에 의해 함께 붙어 있는 상피세포의 표면에 미세 융모가 있다.

2.9 모체의 임신 인식

소가 교미 혹은 인공수정 후 임신이 되지 않았다면 그 소는 정상적인 발정 간격 후 (18~24일) 발정이 재귀될 것이다. 그러나 수정이 일어난 뒤 수정란의 발육이 계속되면 황체는 지속되어 발정의 재귀가 없을 것이다. 이러한 현상을 모체의 임신 인식이라 하며, 이는 발정 및 수정 후 14일경부터 일어난다. 발육 수정란의 영양막은 1형의 인터페론, 즉 타우로 불리는 단백질을 분비한다. 그것은 수정 후 약 20일에 인터페론 타우의 저장이 고갈될 때까지 황체 유래의 옥시토신에 대한 억제 효과를 지속함으로써 초기 임신을 유지하게 하며, 이로 인하여 황체의 퇴행을 방지한다. 인터페론 타우의 분비는 16일과 19일 사이에 최고에 달하며 38일까지 지속된다.

2.10 임신 내분비학

가장 중요한 호르몬은 프로게스테론으로서 뇌하수체전엽에 대해 음성 피드백 효과를 통하여 정상적인 주기 활동을 억제한다. 프로게스테론은 또한 영양물을 관리하는 자궁내막의 변화와 수정란의 발육을 촉진시킨다. 임신말기에 가까워지면 프로게스테론은 감소된다(그림 2.3).

프로게스테론은 황체, 태아-태반 부위 및 부신피질에 의해 합성된다. 임신 약 150일 이후에는 황체가 프로게스테론의 주된 분비원이 아니므로 임신의 유지에 필요한 것은 아니다.

2.11 임신진단 방법

비임신우의 조기 확인은 개체 동물의 번식관리에 중요하다.

어떤 개체에서는 임신의 조기 확인 후에 음성 진단 오류를 초래하는 태아사가 발생할 수 있다.

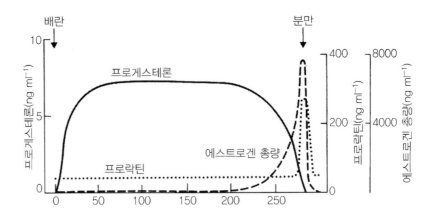

그림 2.3. 소에 있어서 임신 중과 분만 시 말초 순환 호르몬의 농도(출처: Arthur, G.H., Noakes, D.E. & Pearson, H. (1982) Veterinary Reproduction and Obstetrics, 5th edn Baillière Tindall, Eastbourne)

(1) **18~24일.** 발정 재귀의 부재. 일부 소는 임신 중 발정을 나타내는데, 특히 후기에 나타낸다.

(2) **18~24일.** 직장검사 시 황체의 존속. 하지만 발정휴지기 황체와 임신 황체를 구별하는 것은 불가능하다.

(3) **방사선면역분석법이나 ELISA법에 의한 혈장 혹은 우유 중 프로게스테론 농도 측정.** 우유 중 프로게스테론 농도의 절대 수치는 혈장 프로게스테론 농도보다 높은데(그림 2.4), 이는 프로게스테론이 유지방에 용해되기 때문이다.

우유 중 프로게스테론 농도 측정은 개체 소에서 착유한 전유(whole milk)를 이용하여 수행하는데 전착유 우유 및 후착유 우유도 사용할 수 있으며, 교미 혹은 인공수정 후 24일에 채취한다. Potassium dichromate와 mercuric chloride가 포함된 보존제를 우유 샘플에 첨가하면, 프로게스테론 농도의 큰 변화 없이 수개월간 실온에서 보관할 수 있다.

우유 중 프로게스테론 분석에 의한 임신 양성 진단 정확도는 약 85%이며 임신 음성 진단 정확도는 거의 100%이다. 우유 샘플을 인공수정일에 채취하면 정확도는 더욱 향상될 수 있다. 우유 중 프로게스테론 농도가 낮은 소는 발정휴지기에 있는 것이 아니라 발정기에 있음을 확증한다.

임신 양성 진단 오류의 원인은 다음과 같다.

● 인공수정의 부정확한 시기, 즉 발정휴지기에 수정시킬 때(그림 2.4)
● 우유 샘플이 수집된 후 태아사가 발생하였을 때
● 황체낭종
● 만성 자궁감염과 관련된 지속 황체의 존재
● 연속되는 두 발정주기 사이의 간격이 평균보다 짧은 경우

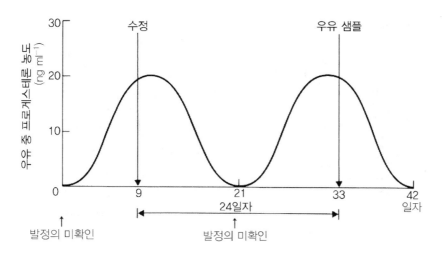

그림 2.4. 부적절한 시기에 인공수정으로 인한 임신 양성 오류 판정을 나타내는 발정주기 동안의 우유 중 프로게스테론 농도

임신 음성 진단 오류의 원인은 다음과 같다.

- 우유 샘플의 부적당한 혼합
- 샘플의 과도한 열 혹은 자외선 조사에 노출
- 동물 혹은 샘플의 부정확한 확인

(4) **임신특이 단백질 B의 측정.** 이 단백질은 영양막의 외배엽에서 분비된다. 교미 혹은 인공수정 후 약 24일에 이 단백질의 존재가 확인될 때 임신을 확증한다.

(5) **28일에 직장을 통한 초음파검사.** 숙련된 수의사는 12~14일 정도로 조기에 임신을 확인할 수 있으나 일반적으로 높은 정확도를 나타내는 임신 28~30일 진단이 권장된다(그림 1.16c).

(6) **30일.** 임신 30일에 엄지와 다른 손가락 사이에 자궁각을 부드럽게 압착함으로써 양막낭이 매우 작고 부어오른 직경 1cm의 완두콩 크기의 물체로서 촉지 될 수 있다. 임신 35일에는 직경이 1.7cm이다. 양막낭 촉지는 태아 심장에 외상을 줄 수 있는 위험성이 있다.

(7) **30~35일.** 양쪽 자궁각의 크기에 어느 정도 불균형이 있는데 황체가 존재하는 난소측 자궁각이 상대적으로 보다 크게 된다. 요수의 존재와 자궁벽이 얇아짐에 따라 약간 팽대된 자궁각에 파동감이 있다.

(8) **35~40일.** 이 단계에서는 태막활 기술을 이용하여 요막융모막을 촉진할 수 있다. 자궁각을 엄지와 집게손가락 사이에 부드럽게 붙잡은 뒤 압착하여 자궁각 내용물이 미끄러져 빠져나가도록 한다. 손가락으로부터 첫 번째 빠져 나가는 구조물은 두꺼운 자

궁벽 이전의 얇은 요막융모막이다.

(9) **45~50일.** 이 단계에서는 흔히 액체에 떠 있는 한 조각의 코르크와 같은 구조물로서 태아를 촉지할 수 있다.

(10) **70~80일.** 확대된 자궁소구/궁부가 자궁체와 자궁각 저부의 벽에서 작은 요철 모양으로 촉지될 수 있다. 궁부는 임신이 진행될수록 커지며, 보다 분명하게 된다(그림 1.16e).

(11) **90~120일.** 윙윙거리거나 또는 진동을 일으키는 중자궁동맥의 특징적인 박동의 변화를 확인할 수 있다. 이것은 진동음이라고 한다. 초기에는 임신 자궁각에 공급하는 동맥에서 감지되나 나중에는 양쪽 중자궁동맥에서 감지된다.

(12) **105일.** 이 시기 또는 이후 임신 단계에서 우유 혹은 혈액 샘플에 결합된 estrone sulfate의 확인이 임신 진단에 도움을 준다.

2.12 직장검사에 의한 임신진단의 정확성

직장검사에 의한 임신 양성 진단이 이루어질 경우 정확성이 최소한 95% 이상이어야 한다.

임신 양성 진단 오류의 원인은 다음과 같다.

- 자궁의 추퇴가 이루어지지 않은 상태에서 검사한 경우
- 자궁이 완전하게 수복되지 않았을 때
- 자궁점액증이 있을 경우
- 검사 후 태아사가 발생할 경우

임신 음성 진단 오류의 원인은 다음과 같다.

- 자궁의 추퇴가 이루어지지 않은 상태에서 검사한 경우
- 기록된 교미 일자가 틀렸을 때
- 기록 일자 이후에 소가 교미되었거나 수정되었을 경우

분만 제3장

3.1 임신의 경과

평균 임신 기간은 280일이지만 품종에 따른 차이가 있다(표 3.1). 특정 품종의 종모축이 다른 품종의 암소와 교잡될 때 유전형의 영향이 발현되어 임신 기간이 길어지게 된다.

표 3.1 소의 품종에 따른 임신 기간과 체중

품종	평균 임신 기간(일) (범위)	평균 출생체중(kg)
Aberdeen Angus	280(273~283)	28
Ayrshire	279(277~284)	34
Brown Swiss	286(285~287)	43.5
Charolais	287(285~288)	43.5
Friesian/Holstein	279(272~284)	41
Guernsey	284(281~286)	30
Hereford	286(280~289)	32
Jersey	280(277~284)	24.5
Simmental	288(285~291)	43
South Devon	287(286~287)	44.5

수송아지는 동일 품종의 암송아지에 비해 임신 기간이 약간 길다(1일 또는 2일).

3.2 출생 시 체중

표 3.1은 여러 품종에 대한 출생 시 평균 체중을 나타내었다. 출생 시 체중에 영향을 미칠 수 있는 요인은 다음과 같다.

● 유전형
● 임신 기간 - 장기 재태로 인한 거대 송아지
● 모체의 산차 - 미경산우에서 작은 송아지

- 계절
- 영양 - 모체의 심한 저영양 상태일 때
- 쌍태 또는 삼태

3.3 태아 성장율

태아 성장률이 가장 빠른 시기는 임신 230일 경이며, 이 시기에는 1일 약 0.25kg의 체중이 증가하고, 이 후에는 성장률이 감소된다.

3.4 쌍태 및 다태 임신

출생 시 쌍태는 1~2%, 삼태는 0.013% 발생한다. 다태 임신은 상당한 품종 차이가 있으며, 소의 연령이 많아질수록 증가되는 경향이 있다. 배란율로 인한 쌍태 또는 삼태의 발생은 영양에 의해서는 영향을 받지는 않는다. 이배란의 발생이 쌍태 출생의 빈도보다 더 많은데 이는 쌍태 중 하나의 태아사의 발생에 기인된다.

3.5 프리마틴

프리마틴은 한 마리의 암송아지가 수송아지와 쌍둥이로 태어날 때 발생되며, 임신 40일경에 태반의 융합에 기인된다. 이러한 암송아지의 90%는 프리마틴이다. 그러나 태반 융합이 발생된 후에 수송아지가 폐사되어 재흡수 되면 단태성 프리마틴의 출생이 가능하다.

프리마틴의 진단

출생 시에 체온계 케이스와 같은 끝이 무딘 질탐색자의 사용으로 효과적인 진단이 가능한데, 이 때 탐색자가 방해받지 않고 질내로 들어가는 깊이가 정상적인 암송아지와 다를 때이다. 일반적으로 정상적인 송아지 질 깊이의 1/3, 즉 3~5㎝ 정도이다. 정확한 확인은 염색체 평가(핵형분석)에 의해서만 가능하다. 염색체 평가를 위하여 세포를 분리하는 것이 요구되며, 사용되는 세포는 말초 혈액 림프구이다. 헤파린 처리된 혈액 샘플은 채취 후 즉시 실험실에 보내져야 한다. 쌍둥이 중 수송아지로부터 채취한 샘플은 이 검사의 정확성을 향상시킬 수 있다.

프리마틴 미경산우가 성성숙에 달하게 될 때, 음핵 확대와 음문의 아래쪽 접합부위(복교련)에 털이 덤불처럼 증가되어 있을 수 있다. 직장검사에 의해서 자궁경관 전방에 정상적인 생식기가 존재하지 않은 것을 확인할 수 있다. 정상적인 난소가 존재하지 않으며, 주기적인 활동이 나타나지 않는다.

3.6 분만의 개시

태아는 분만의 개시에 중요한 역할을 하며, 내분비 변화의 복잡한 연쇄반응을 유발한다.

(1) 임신 중 주된 호르몬은 황체 및 태아-태반 부위에서 생산되는 프로게스테론이다.
(2) 프로게스테론은 발정주기 활동을 억제하고 태아의 발육을 위한 자궁의 변화를 촉진시키며, 송아지를 배출하게 되는 자궁근의 활동을 억제한다.
(3) 송아지가 성숙 단계에 이르게 되면 태아의 시상하부가 자극되어 태아의 뇌하수체로부터 부신피질자극호르몬이 분비되고 이어서 태아의 부신으로부터 부신피질호르몬이 분비되는 일련의 반응이 일어나게 된다.
(4) 코르티코스테로이드의 증가는 태반 유래의 프로게스테론이 에스트로겐으로 전환되는 것을 자극하는 17α-hydroxylase 효소를 활성화 시킨다.
(5) 에스트로겐의 증가는 태반소엽으로부터 $PGF_2\alpha$의 합성과 분비를 촉진한다.
(6) 에스트로겐은 자궁근층에서 수축성 단백질의 합성을 촉진하고 자궁근층의 옥시토신 및 $PGF_2\alpha$ 수용체의 수를 증가시키며, 평활근섬유 사이의 틈새 연결의 수를 증가시키고 자궁경관의 연화 및 원숙을 유도한다. 프로게스테론은 상반된 효과를 가진다.
(7) $PGF_2\alpha$는 임신 황체를 퇴행시키고 자궁경관의 원숙을 유도하며, 자궁 수축을 일으킨다.
(8) 자궁 수축은 태아와 태아를 둘러싸고 있는 태막을 자궁경관과 질 전방으로 밀고 나가게 함으로서 감각 수용체를 자극시키며, 이러한 결과로 옥시토신의 반사 분비(Ferguson's reflex)를 자극시킨다.
(9) 옥시토신은 에스트로겐의 영향을 받은 자궁근층을 자극하여 지속된 자궁경관의 개장과 태아의 만출을 일으키도록 수축시키게 된다.

3.7 분만에 임박한 징후

분만에 임박한 징후는 주로 호르몬의 변화에 의존된다. 호르몬의 변화의 정도나 시기 조절에 있어서 개체 동물의 사이에 상당한 변이가 존재한다.

● 유방 발육과 초유의 존재
● 유방과 배 쪽 복벽의 부종
● 골반인대의 이완, 특히 천·좌골 및 천·장골 인대의 이완
● 명확한 꼬리 기저부의 상승을 동반하는 천·좌골 부위의 함몰
● 회음부 및 음문의 이완
● 자궁경관점액전의 액화와 이후의 탁한 외음부 점액 분비
● 경도의 체온 저하

3.8 분만 1기(평균 6시간 경과: 1~24시간 범위)

어떤 소에서는 분만 1기의 경과 시간을 확정하기가 어려운데, 특히 많은 송아지를 분만한 소에서는 더욱 판정이 곤란하다. 분만 1기는 시간이 경과될수록 빈도와 강도가 증가되는 규칙적이고 통합적인 자궁 수축의 발생으로 시작되며, 다음의 과정을 진행시킨다.

● 침착하지 못함, 식욕부진, 격리 욕구, 꼬리를 홱 잡아당김, 맥박수 증가와 같은 행동의 변화를 초래하는 진통 및 불안을 야기한다.
● 산도를 통하여 만출할 수 있도록 자궁 내에서 송아지의 위치를 바꾸도록 자극한다(그림 9.1).
● 자궁경관의 확장, 외골부의 확장 후 내골부 확장
● 자궁경관과 산도를 향하여 태아와 태수 및 태막을 밀어낸다.

3.9 분만 2기(평균 70분 경과: 30분~4시간 범위)

규칙적이고 강한 노책이 있을 때 분만 2기가 개시되며, 태아나 태막이 산도를 통과할 때 촉진된다. 초기에 요막융모막(태포)이 파열되어 수양성의 요수가 유출 된다.

　분만 2기에 노책 및 자궁근의 수축에 의해 송아지는 서서히 배출된다. 가장 강한 만출력은 송아지의 후두부가 음문을 통과하거나 흉곽이 산도와 음문을 통과할 때 일어난다.

3.10 분만 3기(평균 6시간 경과)

자궁의 수축은 송아지의 출생 후 수일간 계속되며, 점진적으로 빈도가 줄어들고 강도도 줄어든다. 자궁의 수축은 아래에 열거한 과정의 결과로서 정상적인 태반의 분리에 도움을 준다.

● 3.6에서 기술한 내분비의 연쇄과정에 의하여 태반의 원숙 및 성숙이 일어난다. 이러한 변화는 다음의 과정 즉, 모체의 음와 상피의 편평화, 태반소엽 아교질의 분자 구조의 변화, 백혈구의 활성 증가, 영양막외배엽에서의 이핵세포수의 감소, 태반소엽 혈관벽의 유리질화, 모체/태아 상피 사이에 아교선 단백질 조성의 변화 및 동종반응을 포함한다.
● 태아측 태반의 빠른 실혈과 태아태반 융모의 수축으로 제대의 파열이 일어난다.
● 자궁근의 수축에 의하여 자궁소구의 음와로부터 융모가 분리되어 궁부의 분리를 일으

킨다.

● 외부로 돌출된 태반에 대한 중력의 작용으로 아래로 당겨진다.
● 태반을 배출시키는 지속적인 자궁 수축

3.11 분만 환경

양호한 분만 환경은 생존 송아지를 생산하고 건강한 모축을 갖는 성공적인 분만을 위해서 필수적이다. 사고가 발생될 때 신속하고 효과적인 조치가 취해지도록 해야 한다. 초지가 양호하고 배수가 잘되는 야외에서의 분만이 권장되나 때때로 관찰이 어려울 때가 있다. 실내에서 분만이 이루질 경우에는 다음의 조건들을 갖추는 것이 필수적이다.

● 분만 1기 개시 시기 또는 이 전에 축군의 다른 가축으로부터 분리되어야 한다.
● 청결하고 따뜻하며 환기가 잘되는 깔짚이 양호한 축사 공간이어야 하며, 적당한 조명과 산과 처치가 가능한 넓은 공간이어야 한다(5m × 4m).
● 머리를 묶어 소를 보정하도록 대비가 되어야 한다(일부 소는 심한 스트레스를 받을 수가 있으므로 다른 방법이 이용되어야 한다).
● 조용하게 소를 관찰할 수 있어야 한다.
● 신선한 음용수가 적절히 공급되어야 한다.
● 소, 관리인 또는 수의사를 다치게 할 수 있는 돌출된 물체를 제거하는 것이 필요하다.

3.12 조기 분만 유도

외인성 호르몬의 투여에 의해 조기 분만을 유도할 수 있으며, 이것은 3.6에서 설명한 바와 같은 내분비 변화를 따르게 된다.

분만 유도에 사용되는 호르몬
● 부신피질자극호르몬은 실용적이지 않으며, 값이 너무 비싸다.
● 수용성이며 속효성인 코르티코스테로이드, 예를 들면 betamethasone과 dexamethasone sodium phosphate를 두당 20~30㎎ 용량으로 투여한다.
● 중기작용 코르티코스테로이드, 예를 들면 betamethasone과 dexamethasone phenyl proprionate(+dexamethasone sodium phosphate)
● 지속성 코르티코스테로이드, 예를 들면 dexamethasone trimethylacetate, triamcinolone acetonide 및 flumethasone suspension
● PGF$_2\alpha$ 또는 유사체, 즉 cloprostenol, dinoprost, fenprostalene, luprostiol(용량은 1.13 참조)

또는 PGE$_2$(상업적으로는 이용되지 않음)
- 지속성 코르티코스테로이드 에스테르와 PGF$_{2\alpha}$ 및 유사체의 병용

분만 유도의 적응증

- 임신기 연장, 모체의 미성숙 혹은 송아지의 형태와 관련된 태아-모체의 불균형에 기인된 난산의 가능성을 감소시키기 위하여
- 계절분만 관리체계의 강화를 위하여 분만 시기를 앞당길 때, 특히 우유생산을 위하여 양호한 초지의 성장에 맞추기 위하여
- 질병이나 손상으로부터 고통을 당하는 소에서 분만의 시기를 앞당겨 긴급 도축을 위해

필요조건

- 자연교배, 인공수정 실시일 혹은 정확한 분만예정일
- 생존 송아지의 출산을 위하여 최소 260일의 임신기간이 필요
- 수의사와 목장주의 충분한 의논은 조기 분만의 결과를 예측 가능하게 한다.
- 만약 여러 마리의 동물이 동시에 유도될 때, 적당한 분만 시설이 제공되어야 한다.
- 조숙한 송아지를 돌볼 수 있는 숙련된 관리인의 활용으로 송아지의 적절한 사육

과정

- 코르티코스테로이드가 사용되면 경산우나 미경산우는 감염병이 없음을 확인하는 검사가 이루어져야 한다. 감염을 예방하기 위하여 광범위 항생제가 투여될 수 있다.
- 임신 260일 이후에 속효성 코르티코스테로이드의 주사로 2~5일 후 분만이 일어날 것이다.
- 중기작용 코르티코스테로이드는 임신 240일경부터 유효하며, 주사로부터 만출 간격은 변이가 있다(5~12일).
- 지속성 코르티코스테로이드는 임신 240일 이내에 유효하며, 만출 간격에 변이가 있다(11~18일). 11일 후 PGF$_{2\alpha}$ 또는 유사체의 병용 투여가 가장 좋으며, 투여 48시간 이내에 정상적으로 분만을 일으킬 것이다.
- 임신 255일 후에는 PGF$_{2\alpha}$ 또는 유사체의 1회 투여로 주사 후 2~3일 이내 분만을 유도할 것이다.

문제점

- 프로스타글란딘의 사용 후에 음문, 회음부 및 골반인대의 충분한 연화 및 이완이 항상 일어나는 것은 아니다. 코르티코스테로이드의 사용으로 더 좋은 결과가 얻어진다.
- 후산정체가 흔하게 발생된다. 분만이 조기에 유도될수록 후산정체의 발생 가능성이

증가한다.

- 자궁수복이 지연될 수 있으며, 자궁내막염의 발생 가능성이 증가된다. 이 후의 번식 능력에 나쁜 영향을 주는 것으로 보이지는 않는다.
- 코르티코스테로이드로 분만이 유도된 소의 초유에 면역글로부린의 수준이 감소되나, 자축이 너무 조숙한 시기에 유도되지 않을 경우에는 송아지의 질병에 대한 감수성의 증가 또는 생존성의 감소가 나타나지는 않는다.

3.13 분만 지연

일시적으로 분만을 지연시킴으로써 관리가 곤란한 시간, 즉 적절한 감시가 어려운 밤에 분만이 일어나지 않도록 하거나 미경산우에서 질, 음문 및 회음부의 적당한 이완을 유도하는 것이 일시적으로 가능하다. β_2 작용제인 clenbuterol hydrochloride는 자궁근층에 β수용체를 자극하여 평활근을 이완시키며 자궁 수축을 사라지게 한다.

- 분만을 지연시키기 위해서는 0.3mg의 clenbuterol hydrochloride 근육주사 및 4시간 후 0.21mg을 2차 주사한다. 이것은 2차 주사 후 8시간 동안 분만을 방지할 수 있다.
- 이완을 촉진시키기 위해서는 상기 방법과 비슷하나 연속 주사의 간격을 최소 4시간 가진다.
- 만약 자궁경관이 완전히 개장되고 분만 2기가 개시되면 clenbuterol hydrochloride를 사용하지 않아야 한다.

제4장

신생 송아지의 관리

4.1 서론

난산 또는 정상 분만 후 송아지의 관리에 대해 주의를 기울여야 한다. 출생 시 정상 체중은 표 3.1에 나타내었다.

4.2 환경에 대한 적응

송아지는 새롭고 개방된 환경에서 생존할 수 있도록 임신 후기 및 분만 과정 중 성숙 변화를 거친다. 이러한 변화의 대부분은 분만의 행위를 개시하는 내분비 변화로서 특히 코르티코스테로이드, 에스트로겐 및 프로스타글란딘의 농도 증가에 의해 유도된다. 성숙 변화의 예로는 정상적인 호흡을 하기 위한 폐의 표면활성물질의 발달, 헤모글로빈 조성의 변화, 송아지의 혈당 항상성유지 및 난원공과 동맥관의 폐쇄를 포함한다.

4.3 송아지 출생에 따른 절차

송아지 출생 후 다음의 조치가 필요하다.

- 송아지의 심장 혹은 경동맥 맥박을 촉진하고 반사 작용을 평가하여 생존해 있는가를 점검한다.
- 콧구멍과 구강으로부터 점액을 제거한다.
- 송아지의 머리를 아래쪽으로 향하게 하여 액체가 상부기도로부터 배출되도록 한다(대부분의 액체는 제 4위로부터 나오는 것으로 여겨진다).
- 자발적인 호흡의 개시 여부와 기도가 깨끗한 지를 확인한다.
- 혈관으로부터 출혈의 확인을 위하여 제대를 검사한다. 만약 출혈이 심하면 지혈겸자로 잡고, 결찰한다.
- 선천성 기형이 있는지를 검사한다(8.11 참조).

● 모축이 송아지를 수용하여 모체와의 긴밀한 유대가 이루어지는지, 모체가 송아지를 공격하여 손상을 주지 않는지를 확인한다.
● 초유의 확인을 위하여 모축의 유방을 검사한다.

4.4 출생 후 문제점

● 심장 박동과 맥박의 부재: 외부 심장 마사지를 실시한다.
● 기도 폐색: 구강과 상부기도로부터 액체를 빨아내기 위하여 흡반을 사용하고, 기관내삽관을 사용하거나 산소를 공급한다. 기침이나 재채기 반사를 자극한다.
● 호흡의 실패: 가슴을 압박하거나 기관내삽관 후에 인공호흡을 실시한다. 사지, 가슴 및 체표면을 짚 또는 천으로 세차게 문질러준다.
　　호흡자극제가 사용될 수 있다. Doxapram hydrochloride를 40~100㎎ 용량으로 정맥, 근육, 피하 또는 혀의 밑으로 투여한다. Crotethamide와 cropropamide의 합제를 시럽의 형태로 혀의 위 또는 아래에 넣어 준다.
● 호흡성 또는 대사성 산증: 정상적인 분만 후에도 송아지에게 일시적인 산증이 나타날 수 있다. 견인과 제왕절개술을 포함하는 산과 처치는 산증을 수 시간 연장시킬 수 있다. 산증을 교정하고 오래 지속되는 손상을 방지하기 위하여 중조를 체중 kg당 5~7mEq 용량으로 정맥주사한다.
● 모체의 송아지에 대한 무관심: 송아지를 핥아 주도록 하기 위해서 어미 소의 입·코 부분 주위에 양수를 발라주고, 머리 가까이에 송아지를 둠으로 인해 촉진될 수 있다. 길들지 않은 소는 진정제를 투여하는 것이 효과적이다.
● 초유가 없거나 유즙방출의 실패: 저장된 초유를 사용하거나 옥시토신 투여 후 손착유로서 유즙방출을 유도한다. 송아지는 출생 후 6시간 이내에 최소한 2.5리터의 초유를 섭취해야 한다.
● 분만 손상: 잘못 적용된 과도한 견인은 골단분리, 늑골 혹은 사지골 골절 및 대퇴신경 마비를 초래할 수 있는데, 특히 샤로레와 시멘탈 품종에서 발생된다. 난산 후의 송아지 폐사율의 상당 비율이 분만 손상에 기인된다.

4.5 허약 자우

허약 자우는 보통 난산의 결과로서 발생되는데, 이러한 난산은 뇌무산소증, 유전적요인 및 감염원에 기인되는 것으로 보인다. 송아지가 젖을 빨 수 있는가를 확인하는데 주의를 기울여야 한다. 그렇지 않다면 포유병을 이용한 포유가 필요할 수 있다. 죽거나 허약한 자우가 정상 분만 후에 발생하면, 태아 감염에 대해 조사하여야 한다. 감염이 존재하지 않는다면, 요오드 혹은 셀레늄과 같은 미량물질결핍증을 고려해야 한다.

제5장

산욕기

5.1 서론

분만 후 생식관이 정상적인 비임신 상태로 되돌아가는 기간을 산욕기라고 한다. 매 12개월 마다 한 마리의 송아지를 생산할 수 있는 최적의 번식력을 얻기 위해서는 정상적인 산욕기를 유지하여 분만 후 85일 이내에 임신을 시키는 것이 중요하다.

산욕기 중에 다음과 같은 많은 변화가 일어나게 된다.

- 정상 난소활동 주기의 재개
- 비임신 상태로의 자궁수복
- 자궁내막의 재생
- 세균 감염의 제거

5.2 난소활동 주기의 재개

임신 중 난소는 주기적인 활동을 멈춘다. 분만 후 젖소에서는 첫 배란이 발생되기 전에 3~4주간의 기간이 있으며(포유 육우에서는 약간 지연), 배란은 항상 이전 임신 자궁각의 반대편 난소에서 일어난다. 첫 배란은 빈번하게 발정 증상이 없이 발생된다. 이후의 배란에서는 보통 발정 증상이 나타난다.

난포는 종종 첫 배란 전에 관찰될 수 있다. 어떤 소에서는 직경이 2.5㎝ 보다 큰 액체가 찬 구조물이 난소에서 촉진된다. 이것은 전형적인 낭종이 아니며 보통 짧은 수명을 가진다.

난소활동의 개시 후 첫 발정주기는 단축된 황체기로 인하여 짧아지는 경우가 많다(15~16일). 이러한 첫 발정주기의 경우는 정상적인 황체와 비슷하게 작용하는 황체화 난포의 형성과 관련된다. 황체화 난포는 낭종이 아닌데, 그 이유는 직경이 2.5㎝ 미만이며, 장기간 지속되지 않거나 번식행동의 이상을 일으키지 않기 때문이다.

5.3 난소 활동 주기의 재개 평가 방법

난소의 어느 한쪽에서 황체가 촉진되거나 초음파검사에 의해 확인될 수 있으면(그림 1.16f와 g), 주기적인 활동의 재개가 발생되었다고 추정할 수 있다. 황체가 확인되지 않으면, 연속적인 직장검사를 실시하거나 최소한 한 번의 혈액이나 우유 중 프로게스테론 농도 측정이 직장검사 10일전 또는 후에 실시되어야 한다.

5.4 난소 활동 주기 재개에 영향을 미치는 요인

- 난산, 자궁염, 후산정체 혹은 유방염과 같은 분만 중의 문제가 난소 활동 주기의 재귀를 지연시킬 수 있다.
- 많은 유량의 생산이 첫 배란까지의 간격을 연장시킬 수 있다.
- 임신 후반기와 분만 후의 불량한 영양이 난소 활동 주기의 재귀를 지연시킬 수 있으며, 특히 불충분한 에너지 섭취가 BCS 손실을 초래한다.
- 소의 품종: 품종 사이에 차이가 있으며, 육우는 젖소에 비해 발정 재귀가 늦게 일어난다.
- 산차: 초산우는 다산우보다 무 주기 기간이 연장된다.
- 계절: 낮 시간의 길이가 영향을 준다.
- 기후: 열대성 기후에 비해 온대성 기후에서 발정 재귀가 빠르다.
- 포유와 착유 빈도: 난소 활동 주기의 재귀 속도는 주로 착유 빈도와 포유 강도에 반비례한다.

5.5 자궁수복

자궁수복은 정상적인 비임신 상태로의 자궁의 축소이다. 자궁이 수축될 때 만곡되거나 혹은 감기게 되어 골반강으로 되돌아간다. 자궁경관에 비해 적은 정도이지만 질도 역시 수복을 하게 된다.

처음에 수복 과정은 빠르지만 이후 수복 속도는 점차 감소하여 분만 후 42일까지 완료되는 것으로 보이지만, 임상적인 직장검사에 의해서는 25~30일 후에 미세한 변화는 감지하기가 어렵다(그림 5.1). 자궁경관 역시 길이와 직경에 있어서 감소가 일어나지만 25~30일 이후에는 변화가 비교적 적다.

자궁의 퇴축은 아교질의 많은 소실과 자궁 크기의 감소 및 자궁근층을 형성하는 근원섬유의 크기와 수의 감소가 일어나는 과정이다. $PGF_2\alpha$는 분만 후의 자궁에서 생산되어 분만 3~4일 후 최고 농도에 달하며 약 2~3주간 지속된다. 이 호르몬이 자궁의 수복 과정에 관련되나 명확한 역할은 밝혀지지 않고 있다.

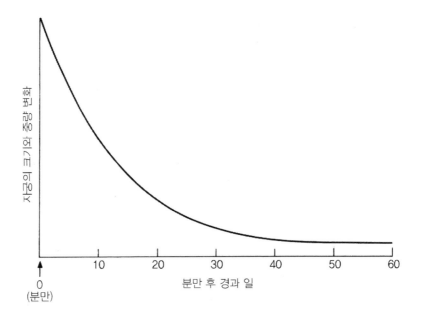

그림 5.1. 분만 후 자궁의 수복 속도

자궁수복에 영향을 미치는 요인

- 산차: 자궁수복은 다산우에 비해 초산우에서 단축
- 계절: 봄과 가을에 분만하는 소에서 단축
- 포유: 퇴축을 촉진
- 기후
- 분만 관련 문제: 난산, 후산정체 또는 감염
- 난소 활동 주기에 대한 재귀 속도
- 외인성의 호르몬의 투여는 자궁의 퇴축에 영향을 미치지 않음

5.6 자궁내막의 재생

소는 전형적인 탈락막 태반을 가지지 않는다. 그러나 분만 및 태반의 분리 후 자궁소구 조직의 괴사와 딱지형성이 있으며 이후 자궁소구를 덮는 자궁내막의 재생이 뒤따른다.

진행 중 변화는 다음과 같이 요약할 수 있다.

- 자궁소구의 표면을 포함하는 퇴행성 변화는 분만 2일 후에 일어난다.

- 분만 후 5일까지 자궁소구는 1~2㎜ 두께의 괴사층에 의해 덮여진다.
- 5일부터 10일까지 괴사조직의 딱지형성이 있으며, 그것은 액화되어 오로 분비물을 형성하게 된다.
- 약 15일부터 탈락한 자궁소구의 재상피화가 시작되어 25일경에 완료된다.
- 자궁샘을 포함한 자궁내막 구조물의 완전한 복원은 50~60일까지 완료된다.

자궁내막의 재생 지연 요인

- 난산, 후산정체, 외상 또는 감염과 같은 분만 관련 문제
- 식이성 결핍

5.7 세균 감염

임신 중의 자궁은 무균 상태이다. 자궁강 내로의 접근은 폐쇄된 자궁경관과 점액전에 의해 보호된다. 분만 시나 분만 직후 자궁경관은 확장되며, 음문과 회음부는 이완됨으로서 분변과 소의 주위 환경으로부터 자궁내로 세균의 침입이 일어나게 된다. 분만 후 자궁 내용물을 배양하면 대부분의 소에서 광범위하고 잡다한 세균총의 존재를 보여준다. 배양되는 주된 세균은 대장균군, *Actinomyces pyogenes*, 연쇄상구균 및 포도상구균이며, 어떤 경우에는 자궁염의 발생과 관련되는 혐기성의 그람-음성균이 발견된다.

5.8 세균 감염의 제거

세균총은 변동이 심하나 대부분 소의 자궁은 분만 후 4~5주 이내에 무균적으로 되는데 세균의 제거는 아래와 같이 이루어진다.

- 자궁소구 표면의 괴사와 딱지형성에 의한 물리적인 분리
- 지속적인 자궁수축, 퇴축 및 오로 분비물과 관련된 물리적인 배출
- 자궁강 내로 이주해 오는 백혈구의 탐식 작용
- 면역글로불린

세균의 제거를 방해하는 요인

- 후산정체
- 생식도관의 외상
- 불충분한 자궁의 수복
- 분만 후 발정 재귀 지연

5.9 분만 후 번식능력

난소의 주기적인 활동 재귀 및 배란이 대부분의 젖소에서 3~5주까지 발생하지만 임신율에 의해 측정되는 최적의 번식력은 분만 후 90~100일까지 달성되지 않는다. 이것은 생식도관 환경이 수정이 일어날 수 있는 여건이 형성되지 않았거나 수정란의 발육을 지속시킬 수 없기 때문이다. 분만 50일 후에 번식력(임신율)의 향상은 매우 적은 정도이다(그림 5.2).

분만 후 조기 번식이 번식력에 대한 장기적인 유해한 효과에 대해서는 증거가 없다.

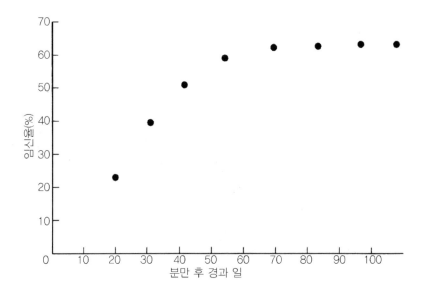

그림 5.2. 분만 후 경과 일에 따른 임신율

6.1 유방 발육

성성숙 개시 전 유선은 다른 체 기관과 같은 비율로 발육된다. 성성숙 후에는 뇌하수체전엽에서 분비되는 프로락틴 및 성장호르몬과 더불어 에스트로겐(발정 시)과 프로게스테론(발정주기의 황체기)의 분비로 인하여 유선도관의 연장과 분지가 있다. 이 외에 어느 정도의 유선포 발육이 있다. 에스트로겐이 주된 호르몬으로 작용하는 임신 첫 4개월 동안 유선도관에 더 많은 확장이 있다. 임신의 후반부에는 프로게스테론이 주된 생식 스테로이드호르몬으로 작용하여 유선포 조직의 소엽(우유의 분비 부위)의 형성을 촉진하며 분만예정일까지 증가된다. 다른 호르몬, 즉 부신피질자극호르몬, 갑상샘호르몬, 인슐린 및 부신피질스테로이드와 태반 락토겐 역시 역할을 한다.

암소의 유방은 임신기간의 중간을 경과한 후 젖을 생산할 수 있게 된다. 임신 7개월 후에 유산이 발생되면, 보통 유량이 감소되지만 보통 정도의 비유량을 생산하는 충분한 유선포 조직이 존재한다.

6.2 유즙 생성

분만 시기에 비유의 개시는 이 시기에 발생하는 내분비 변화에 기인한다. 요약하면 다음과 같다.

● 에스트로겐은 임신 말기로 갈수록 증가한다.
● 프로게스테론은 점차적으로 감소하여 분만 24~48시간 전에 급격히 감소한다.
● 코르티코스테로이드는 분만 시에 급격하게 증가한다.
● 프로락틴은 분만 4~6일 전에 증가한다.

유즙 생성에 중요한 호르몬은 임신 후기에 유선포 발육을 촉진하는 프로게스테론인데 프로게스테론의 갑작스런 감소는 프로락틴을 분비되게 함으로써 이 호르몬의 효과를 나타내게 한다. 프로게스테론은 유선포에서 젖당 합성을 억제한다. 당은 물과 우유의 수용성 성분의 분비를 관리하는데 중요한 역할을 한다. 더욱이 프로게스테론은 유방에서의 코르티솔 수용체 부위를 차단할 수 있는데 이러한 프로게스테론의 소멸로 인하여 코르티솔은 유선에 작용할 수 있게 된다.

일단 비유가 개시되면, 프로락틴과 성장호르몬이 유선포 상피의 분비 활동을 통제함으로써 비유의 지속에 중요한 역할을 하게 된다.

6.3 유즙 방출

유선포 조직에 의해 분비되는 우유는 수집관, 유동 및 유조에 축적된다(유방 내 이 부위에 약 80%가 저장된다).

유즙방출은 주로 옥시토신의 작용에 기인되며, 약간은 항이뇨호르몬의 작용에 기인된다. 옥시토신 분비를 위한 자극은 유방, 유두 및 생식관에 존재하는 감각수용체로부터 발생되며, 소리에 대한 반응과 포유 혹은 착유와 관련된 일상의 과정의 결과로서도 발생된다.

옥시토신은 소에서 2분 이내의 짧은 반감기를 가지므로 재자극이 요구된다.

우유의 방출을 담당하는 우유 분출반사는 스트레스에 의해 쉽게 억제되는데 이것은 아드레날린의 작용에 의해 뇌하수체 후엽으로부터 옥시토신의 분비의 완전 혹은 부분 차단에 의한다.

유즙 방출의 유기

10IU의 옥시토신을 정맥 투여하고, 필요시 반복적으로 투여한다. 우유 분출반사 억제의 이유를 밝히고 그것을 교정하도록 시도한다. 미경산우의 경우에는 조절 요법을 확립하도록 한다.

6.4 인위적인 비유 유기

이것은 정상적으로 유즙생성을 담당하는 내분비 변화를 모방하는 것으로 오랫동안 젖소 경산우와 미경산우에서 사용되었다.

방법 A

● 오일에 용해된 10㎎ estradiol benzoate와 100㎎ 프로게스테론을 병용하여 0, 3, 6, 9, 12, 15, 18, 21, 24, 27 및 30일에 피하주사 한다.
● 31일과 32일에 수용성 덱사메타손 20㎎을 근육주사한다.

- 10일 이후부터 경산우와 미경산우는 착유장에 넣어 착유를 실시한다. 유방을 마사지 하며, 착유기를 단시간 사용한다.
- 우유 생산의 시작은 치료의 종료 직전에 혹은 치료 종료 1주일 후까지 가능하다.

방법 B

- 7일간 12시간 간격으로 estradiol benzoate(0.05mg/kg)와 프로게스테론(0.125mg/kg)의 병용 주사(총 14회 주사)
- 18, 19 및 20일에 수용성 betamethasone 혹은 덱사메타손 20mg 투여
- 방법 A에서 기술한 유방 마사지와 착유 방법대로 실시

이상의 두 가지 방법의 적용을 위해서 경산우는 건유기간이 최소 6주간 이어야 한다. 우유는 7일간 사람에게 음용되어서는 안 된다.

결과

- 인위적인 비유 유기 중 약 20%는 실패
- 우유 생산량은 예상치의 약 70%
- 어떤 소는 에스트로겐 치료 중 사모광증을 나타낸다.

적응증

- 혈통이 좋은 고능력우가 임신이 되지 않은 채로 계절분만군에 계속 잔류하게 하여 다름 해에 정상적으로 교배될 수 있도록 한다.
- 값비싼 대체우를 구입하기 보다는 축군 내에서 일시적인 불임이거나 영구적인 불임인 고능력우를 계속 사용하기 위함이다.

이러한 절차는 경비가 많이 들며 반복 투여에 따른 동물 복지 영향에 대해 관심을 기울여야 한다. 이러한 시도는 비유를 자극시키는 방법으로서 임신과 분만을 대치하지는 못 할 것이다.

비경구적으로 투여된 재조합 소 성장호르몬은 젖소에서 산유량의 25% 이상까지 증가시킬 것이다. 이러한 호르몬은 우유 생산을 위하여 체 조직으로부터 영양소를 직접 동원하는 작용을 한다. 처리된 소는 적절한 농후사료와 질이 양호한 조사료를 섭취시켜야 한다. 재조합 소 성장호르몬은 세계의 많은 지역에서 사용이 허가되어 있지 않다.

제7장 번식능력과 불임증

7.1 정의

● 번식력은 소가 약 12개월 간격으로 송아지를 태어나도록 하는 능력을 말한다.
● 완전 불임증(sterility)은 소가 임신하여 송아지를 태어나도록 하는 능력이 완전히 불능인 상태이다.
● 일시적인 불임증(infertility 혹은 subfertility)은 번식력 저하, 즉 궁극적으로는 임신하여 송아지를 태어나도록 할 수 있으나 그 간격이 12개월보다 훨씬 연장될 수 있다.

7.2 불임증과 도태

현재 영국의 전체 축군에서 광우병(Bovine spongiform encephalopathy)의 제거를 가속화하기 위한 정부 계획의 일환으로 암소들이 도축되고 있는 예외적인 상황을 제외하고는 매년 도태되는 젖소의 1/4~1/3은 번식 문제에 의한다. 이러한 소들 중 일부는 완전 불임이나 대부분은 일시적인 불임증 혹은 번식능력저하 상태이다. 그러나 번식능력저하와 관련된 소들은 경제적인 손실로 인하여 임신이 되도록 충분한 시간을 주지 않고 도태된다. 어떤 소들은 예상되는 문제로 인해 도태되는데, 예를 들면 분만 시에 외상을 입거나 혹은 심한 분만 후 감염을 가진 소의 경우이다(11.3, 11.6 및 11.8 참조).

7.3 번식능력의 예상치 – 개체 소

어떠한 소의 집단에서도 1회의 수정에 대한 평균 분만율은 55% 보다 높지 않다. 송아지의 생산을 실패하는 45%에 대한 이유는 다음과 같다.

● 배란 난자의 약 10~15%는 수정이 일어나지 않는다.
● 수정 난자 혹은 초기 수정란의 15~20%는 발정주기의 13일 이전에 사멸된다.
● 후기 수정란의 약 10%는 14~42일 사이에 사멸된다.

● 태아사의 약 5%는 42일 이후에 발생된다.

수정이 일어나지 않거나 조기배아사가 발생될 때 소는 정상적인 18~24일 간격으로 발정이 재귀될 것이며, 발정이 관찰되면 재수정 시켜야 한다. 동일한 가능성이 두 번째 및 그 이후의 수정 후에도 있을 수 있다. 따라서 정상적인 번식력을 갖는 축군에서도 소의 최소한 6%는 번식학적인 관점으로 보아 정상적일지라도 3회를 초과하는 수정을 요하게 된다.

7.4 분만 간격이 12개월이어야 하는 이유

연속되는 분만 사이의 간격은 12개월(365일)이 최적이나 예외적으로 초산차 혹은 고비유 개체(>8,000kg/비유기)에서는 13개월의 간격 또는 그 이상이 적합하다. 분만 간격이 12개월이어야 하는 이유는 다음과 같다.

● 305일 비유로부터 많은 산유량을 얻을 수 있다.
● 분만이 매년 같은 시기에 일어나므로 효과적으로 사료를 이용할 수 있다.
● 송아지가 비슷한 연령과 체중의 군에서 사육될 수 있도록 한다.

7.5 불임증의 원인

불임우의 검사에 대한 요청은 보통 그 소가 축군에서 설정한 번식 목표에 도달할 수 없을 것으로 여겨질 때 이루어진다. 즉 암소가 이전에 송아지를 분만한 뒤 약 12개월 후에 송아지를 생산할 것 같지 않거나 비정상적인 번식 상태를 나타내고 있는 것이 확인될 때이다.

이러한 소는 번식 프로그램을 담당하는 관리인에 의해서 다루어지게 될 것이다. 이 내용을 읽기 전에 1장과 5장을 보는 것이 권장된다.

7.6 무발정 - 문진 및 임상검사

생 후 7~18개월에 일단 성성숙이 일어났으면 미경산우는 주기적인 난소 활동을 가져야 한다. 번식장애 혹은 심한 병발증이 없으면 이러한 주기적인 난소 활동이 발생하지 않는 때는 임신 중이거나 분만 후 생리적 공태기이다. 발정 증상이 없는 모든 동물에서 **치료가 이루어지기 전 임신되지 않았음이 확인되어야 한다.**

전반적인 신체 상태와 건강 상태를 검사하고 현재 비유량을 확인하여야 한다. 난소와 관상 생식기의 세심한 촉진과 더불어 직장을 통한 초음파검사가 수행되어야 한다. 장비를 이용한 반복적인 검사가 필요할 수 있다.

미경산우

- 어떠한 난소 조직도 촉진할 수 없는 경우: 난소의 무발생은 매우 희귀한 경우인데 이러한 동물은 도태시켜야 한다.
- 정상적이나 미숙한 관상 생식기를 동반하는 작고, 방추형의 난소가 있는 경우: 드물게 발생되는 난소 형성저하증 혹은 성성숙 지연의 경우이다. 체중을 측정하고 비슷한 연령대 및 크기의 미경산우와 비교해 보아야 한다. 만일 성성숙 지연인 경우 앞으로의 발육이 이 문제를 다소 해결할 것이다.
- 난소가 정상적으로 있어야 할 위치에 작고, 방추형의 구조물의 존재와 정상적인 관상 생식기의 부재는 프리마틴을 의미한다. 이러한 미경산우를 시장이나 중개인으로부터 구입하였다면 문의해 보아야 한다. 외부 생식기관, 특히 정상보다 크거나 돌출된 음핵을 검사한다. 단태의 프리마틴이 발생할 수 있다. 핵형분석에 의해 확인한다. 치료 방법은 없다.

미경산우와 경산우

신체 상태를 검사하고 전반적인 생식계통의 직장검사를 실시한다. 먼저 임신되지 않았음을 확인해야한다. 장비가 이용될 수 있으면 직장을 통한 난소의 초음파검사가 유용할 수 있다.

- 정상적인 관상 생식기를 가지나 작고 매끈매끈하며 평평한 난소를 가질 때는 무주기성, 즉 진성의 무발정일 것이다: 그러나 확진을 위해서는 10일 후 두 번째의 직장검사 혹은 우유/혈액 중 프로게스테론 분석을 요할 수 있다. 프로게스테론 농도 증가는 난소의 주기적인 활동이 있음을 암시한다.

  식욕에 따른 에너지 섭취 증가가 있을 때 고비유우에서는 비유량이 감소될 때까지 기다리는 것이 필요할 수 있다. 미경산우에서 구리 혹은 코발트와 같은 미량물질의 심한 결핍증 및 만성 기생충 감염증이 원인이 될 수 있다.

  PRID를 삽입함으로서 난소의 활동을 자극시키며, 12일 후에 제거함으로써 3~4일 후 발정이 유기된다. PRID 제거 일에 600IU eCG 투여가 유익할 수 있다. 다른 방법으로는 CIDR를 7일간 삽입하였다가 제거 3일 후에 1mg estradiol benzoate를 투여할 수 있다. 또 다른 방법은 GnRH 유사체의 투여 1~3주 후 발정이 유기된다.

- 보통 한쪽이지만 간혹 양쪽 난소가 크고(길이 4~5cm), 직경 2.5cm 이상의 큰 액체가 찬 구조물을 포함할 것이다. 이것은 난포의 배란 실패의 결과로 생긴 낭종이며, 퇴행되지 않고 폐쇄될 것이나 계속 성장하며 지속된다. 낭종은 흔히 두꺼운 벽을 가지고 있으며(그림 7.1a, b), 직장을 통한 초음파검사 소견 상 3mm 이상(그림 1.16j)임을 확인할 수 있다.

  이것은 황체낭종으로서 우유 혹은 혈액 중 고농도의 프로게스테론 분석 후에 확진된다.

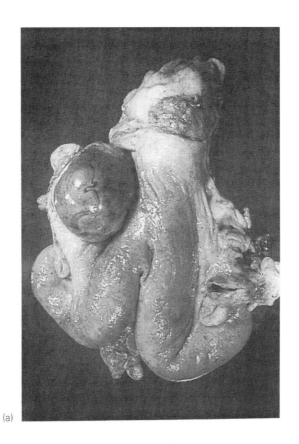

(a)

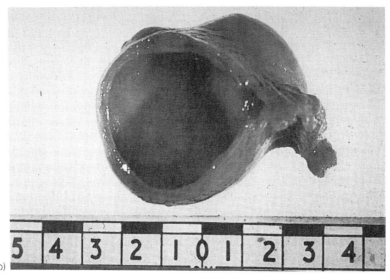

(b)

그림 7.1. (a) 황체낭종의 존재에 의해 병적으로 커진 우측 난소를 가진 소의 생식관과 (b) 황체낭종을 가진 난소의 단면: 황체조직의 존재로 거의 5㎜ 두께의 벽을 가진 직경이 약 4㎝인 낭종(출처: Dr T.J. Parkinson)

　　PGF$_2\alpha$ 혹은 유사체로서 치료하면 황체낭종의 퇴행을 일으켜 2~3일 후에 발정을 일으킨다. 발정관찰 시 교미를 시킨다. 낭종의 재발은 높은 편이다.

　　때때로 낭종이 존재하나 우유 혹은 혈액 프로게스테론 농도가 낮거나 기저수준을 나타내는데 이러한 것은 초음파검사 시 3㎜ 미만의 벽을 가진 난포낭종이며(그림 1.16i), PGF$_2\alpha$ 치료에 반응하지 않는다. GnRH 유사체 혹은 사람융모성생식샘자극호르몬(hCG)을 이용한 치료는 황체화를 일으킨다. 10일 후 PGF$_2\alpha$ 혹은 유사체를 황체화된 낭종성 구조물의 퇴행을 유도하기 위하여 사용하거나 PRID를 12일간 삽입한다.

● **한쪽 혹은 양쪽 난소에 황체의 존재:** 먼저 임신이 되지 않았음을 확인한다. 가장 흔한 원인은 발정의 미발견이다. 그러나 황체의 존재는 소가 발정행위를 명확하게 나타내지 않을 때(미약 혹은 둔성 발정) 또는 매우 드물게 지속황체의 존재에 의할 수도 있다.

　　발정의 미발견은 일반적으로 축군의 관리상의 문제이다. PGF$_2\alpha$ 혹은 유사체로 치료하여 보통 3~5일 후 발정관찰 시 교미시키며, 발정이 관찰되지 않으면 11일 후에 PGF$_2\alpha$를 반복적으로 투여하고 정시 수정을 실시한다. PRID가 사용될 수 있는데 삽입한 후 제거하기 약 24시간 전에 PGF$_2\alpha$ 혹은 유사체를 투여하는 병용방법이 더 많이 이용된다. 만약 축군의 문제라면 진성의 발정 증상이 나타났는지를 확인하고 일상적인 발정 관찰 혹은 발정발견장치가 사용되는지를 확인하여야 한다.

　　분만 후 첫 번째와 두 번째 배란(덜 빈번)을 제외하면 발정의 증상이 선행되지 않는 배란은 드물다. 빈번하게 미약발정 혹은 둔성발정이 저조한 발정 발견에 대한 구실거리가 되곤 한다. 그러나 어떤 소에서는 증상의 미약한 표현이나 짧은 지속시간 때문에 놓칠 수 있다. 발정 미발견에 대한 대처를 위하여 PGF$_2\alpha$ 혹은 유사체 또는 PRID로서 치료하며, 부가하여 KaMar와 같은 발정발견장치가 동시에 사용될 수 있다.

　　지속황체는 자궁의 병변이 없을 때는 매우 드문데 그 이유는 지속황체가 내재성의 프로스타글란딘의 분비 실패의 결과로서 발생되기 때문이다. 자궁각의 크기에 있어서의 불균형과 두터워진 수종성의 벽이 촉진되는지를 확인한다. 그러나 임신과는 구별해야 한다. 지속황체의 가장 흔한 이유는 분만 후 자궁감염, 특히 자궁축농증일 것이다(그림 7.2). 질검사 시 화농성 분비물을 볼 수 있다. PGF$_2\alpha$ 혹은 유사체로 치료하고 소를 조심스럽게 관찰하여 질분비물이 있는지를 확인한 후 약 10일 후에 재검사한다.

● **난소가 작으나 둥글고 활동성이며, 양호하거나 중정도의 자궁 긴장이 있는 경우가 있다.** 이런 경우 경산우 또는 미경산우는 발정이 오고 있거나 발정 중이거나 혹은 발정 후기 초기에 있다. 동물이 승가를 허용하는 증상과 꼬리 또는 회음부(질의 음순)에

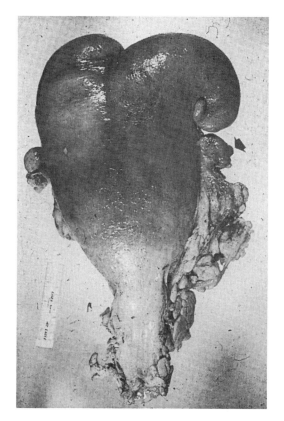

그림 7.2. 자궁축농증과 우측 난소(화살표)에 지속황체를 가지는 소의 생식기. 자궁각의 장막면에 섬유소성 용종 존재

점액의 흔적이 있는지를 확인하고 발정점액 혹은 발정후기 출혈이 있는지를 확인한다.

한 번의 검사로 확실하게 진단하는 것은 어려울 수 있기 때문에 10일 이내 재검사 혹은 우유/혈액 중 프로게스테론 분석으로 황체의 존재를 확인하며, 정상적인 주기 활동을 관찰한다.

7.7 규칙적인 발정의 재귀

경산우 혹은 미경산우가 매번 수정 후에 규칙적으로 정상적인 간격(18~24일)으로 발정이 재귀된다. 이것은 **수정의 실패** 혹은 **모체의 임신 인식 시기 전**(14일 이전에) 조기배아사에 기인될 수 있다.

수정의 실패

경산우 혹은 미경산우의 조사를 시작하기 전에 수컷 원인을 먼저 확인하는 것이 필수적이며, 다음의 항목들이 해당된다.

● **불임 수소**: 그 수소에 의해 교미된 다른 암소의 번식 기록을 조사한다. 만약 상당 수 혹은 모두가 임신되지 않았다면 그 수소는 자세하게 검사하여야 한다.

● **자가수정**: 정액의 보관, 취급 및 수정 기술이 올바른지를 점검한다. 만약 문제가 있는 경산우 혹은 미경산우가 발정이 재귀될 때 그 소가 수정시키기가 어려운지를 파악하기 위하여 검사가 필요하다.

● **승인된 수정센터로부터 인공수정**: 수소와 인공수정 기술은 문제가 되지 않음을 먼저 확인해야 한다.

일단 수컷 요인이 배제되면 경산우와 미경산우에 있어서 다음의 검사가 진행된다. 직장검사로서 난소가 정상적인, 주기적인 활동을 나타내는지 확인해야 한다. 관상의 생식관의 조심스런 촉진에 의하여 생식관의 부분무형성을 진단할 수 있다. 이 때 생식관의 어느 부분에 액체의 축적이 있는지를 검사한다. 카데터로 자궁경관의 개방성을 평가해야 한다.

대부분의 경산우에서는 직장검사, 초음파검사 및 질검사를 통해 어떠한 이상도 발견되지 않을 것이다. 수정 실패는 다음의 원인에 의해 발생될 수 있다.

● **난소와 난소낭의 유착, 난관과 자궁각의 유착 또는 난관의 팽창 및 확대**(그림 7.3, 7.4 및 7.5)와 같은 후천적인 병변: 이러한 병변은 관상 생식기를 완전히 폐색하여 정자와

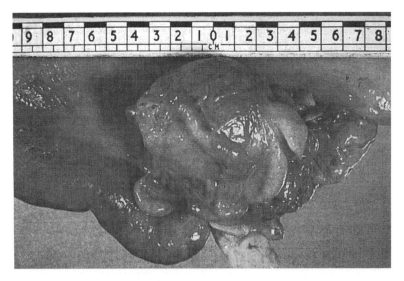

그림 7.3. 난소-난소낭의 유착: 난소를 둘러싸고 있는 난소낭과 확장된 난관(출처: Dr T.J. Parkinson)

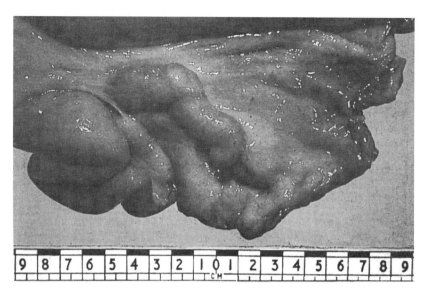

그림 7.4. 난관수증 혹은 난관축농증에 기인된 난소-난소낭 유착과 확장된 난관(출처: Dr T.J. Parkinson)

난자가 만나는 것을 방해하거나 정자나 난자의 수송과 같은 정상적인 기능을 방해한다. 폐색의 확진은 페놀술폰프탈레인 색소시험에 의한다. 치료 방법은 없다.

● **무배란**은 발육한 성숙난포가 배란에 실패하는 것이다. 뒤이어 난포는 퇴행 및 폐쇄된다. 난포의 발육, 퇴행 및 폐쇄는 발정주기를 걸쳐 계속적으로 일어난다. 그러나 발정 후 최소한 1개의 성숙난포가 배란되어 난자를 방출시키며 황체를 형성하게 된다.

  무배란은 분만 후 오랜 기간이 경과되지 않은 시기에 가장 잘 발생된다. 무배란은 황체화 난포의 형성이 뒤따라올 수 있거나 혹은 그 난포가 자라서 낭종이 될 수 있다.

  정확한 진단은 연속적인 직장검사 혹은 보다 정확하게 직장을 통한 초음파검사를 이용하여 실시될 수 있는데, 이 때 발육 중인 황체가 존재하지 않으면서(우유 또는 혈장 프로게스테론 분석을 이용하여 확인 가능) 난포가 정상에 비해 오래 지속되는 것이 발견될 것이다.

  만약 무배란이 반복적으로 발생되면, GnRH 유사체 혹은 hCG로 치료한다.

● **배란 지연**은 배란이 발정 종료 후 12~15시간 보다 늦게 일어나는 것을 의미한다. 정자는 수정 30~48시간 후까지 수정 능력이 있으나 15~20시간에 수정 능력의 감소가 일어난다. 따라서 배란이 지연되면 정자의 수정이 이루어질 수 없을 뿐만 아니라 난자 또한 노화되어 수정될 수 없게 된다.

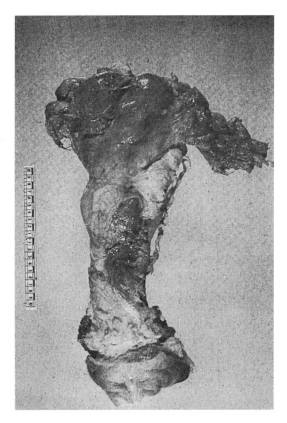

그림 7.5. 자궁외막염이 있는 소의 생식기: 광범위한 유착이 존재(출처: Dr T.J. Parkinson)

정확한 진단이 어려우며 연속적인 직장검사 또는 초음파검사에 의해서만 이루어 질 수 있는데, 이러한 기술의 시도는 배란을 방해할 수 있다. 배란 지연의 발생은 주로 개체 임상 검사를 통해 진단된다. 수정 시기에 GnRH 유사체 혹은 hCG를 투여한다.
● **비정상적인 자궁환경**은 내분비 동기화 불균형 혹은 만성 감염에 기인될 수 있다.

정자와 난자의 수송은 암소의 호르몬 상태에 의해 영향을 받는다. 호르몬 분비의 비동기화 혹은 불균형은 진단이 거의 불가능하며 치료방법이 없다.

자궁감염은 정자의 수송 방해와 더불어 정자의 사멸을 야기 시키는 것으로 보인다. 자궁감염은 발정을 통한 치료 효과로 인해 한 번 혹은 두 번의 발정기 후에는 지속되지 않는 것으로 보이며, 임상증상이 나타나지 않는 경우에는 자궁감염이 존재하지 않는 것으로 보인다. 자궁감염은 질에 대한 분만 상해에 의해 발생하는 기질 혹은 요가 질의 전방에 고여 있는 요질로 인한 질염과 관련되어 발생할 수 있다. 기질은 외과적으로 교정할 수 있지만(11.2 참조), 요질은 치료 방법이 없다.

조기배아사

수정란이 발정주기의 14일 이전에 죽을 때, 황체의 수명은 연장되지 않고 정상 간격으로 발정이 재귀된다. 따라서 조기배아사가 발생하고 있는지 혹은 수정의 실패가 있는지를 아는 것은 불가능하다. 7.3에서 기술한 바와 같이 어느 정도의 조기배아사의 발생은 정상적이며, 이 현상에 대해서는 확실한 설명이 불가능하다.

조기배아사의 발생 가능한 원인은 다음과 같다.

- **유전적 부적합에 기인된 발육 비정상이 원인**으로 작용하여 비정상적인 수정란 발육을 초래할 수 있다. 그러나 규칙적으로 발정의 재귀가 일어나는 소에서 조기배아사를 증명하는 것은 어렵다. 다른 품종의 종모축의 사용이 가치가 있을 수 있다.
- **스트레스**: 극단적인 온도변화, 수송, 갑작스런 환경의 변화 혹은 사료의 변경이 스트레스원으로서 작용할 수 있으나, 그들의 효과에 대해 양적으로 측정하기는 어렵다. 다른 미발견 요인들도 역시 포함될 수 있을 것이다.
- **발열을 초래하는 감염**
- **지방간**은 과비상태의 소가 분만 후 비유 초기에 불충분한 에너지가 급여될 때 발생한다.
- **영양 결핍 및 과다**는 자궁환경에 영향을 미쳐 수정란의 생존에 대해 작용을 하는 것으로 보인다. 초기 수정란 단계 동안 갑작스런 사료의 변경은 피해야 한다.

   가장 중요한 식이성 요인은 에너지이며, 이 요인은 비유를 위한 요구를 충족시키기 위하여 충분히 섭취 할 수 없는 고비유우에서 특히 중요할 수 있다. 분만 후에 체중의 손실이 있는데, 이것은 일반적으로 분만 60일 이전에는 회복되지 않는다. BCS의 평가 혹은 체중 측정이 중요하다. 초산차와 같이 성장하고 있는 동물은 특히 민감하다.

   단백질 결핍과 과다 모두 조기배아사에 대한 원인이 될 수 있다. 후자의 경우 과도한 분해성 단백질, 특히 에너지 부족과 관련되어 제 1위 내에서 요소 및 암모니아 생산의 증가를 초래할 수 있다. 혈액 내에 이들 물질의 농도 증가는 자궁강 내의 증가를 초래하게 되어, 정자, 난자 혹은 수정란에 대한 악영향을 미쳐 번식력의 감소가 발생될 수 있다. 만약 개별 농장에서 생산한 조사료와 농후사료가 사료의 많은 부분을 차지할 경우, 미량물질 및 비타민 결핍증이 역시 조기배아사를 일으킬 수 있다. 구입한 농후사료를 급여하는 젖소는 이러한 결핍증을 겪지 않을 것이다.

   일반적으로 영양적인 문제는 전체 축군 혹은 축군 내 주요 군에 영향을 미친다.
- **감염과 내분비 불균형**은 정상적인 수정란의 발육을 방해하는 자궁내 해로운 환경을 조성할 것이나 조기배아사의 흔한 원인은 아니다.
- **황체 결핍**을 증명하기는 어렵지만 배아사를 초래할 수 있다. 프로게스테론이 우위를 나타내는 자궁은 수정란의 생존과 임신의 지속을 위해서 필수적이다. LH는 소에서

황체자극 작용을 한다. hCG는 주기의 14일 경(소가 임신이 되지 않았을 때, 황체가 퇴행을 시작하는 시기)에 투여할 수 있다. 그러나 이 치료는 매우 경험에 의거한 것이다. 최근에는 GnRH 유사체가 임신율을 향상시키기 위하여 수정 후 11~13일에 사용되고 있다. 모체의 임신 인식 시기 경에 이러한 치료는 수정란이 생존 기간을 연장하기 위하여 부황체의 형성을 자극하거나 황체퇴행을 지연시키는 것으로 보인다.

7.8 발정 간격 단축

정상적인 발정 사이 간격은 18~24일이다. 18일 이내의 간격은 분만 후 첫 주기를 제외하면 비정상적이다. 발정 간격 단축의 이유는 다음과 같다.

● 무배란의 결과로서 발생되는 **난포낭종**. 한쪽 혹은 양쪽 난소가 크며(직경 4~5㎝), 하나 또는 그 이상의 직경이 2.5㎝ 이상의 큰 액체가 찬 구조물을 가진다. 난포낭종은 보통 벽이 얇고, 촉진 시 파동감을 느낄 수 있다(그림 7.6a와 b).

  난포낭종이 있는 소는 다른 소에 과도하고 무분별하게 승가하는 발정 증상을 보이며, 며칠마다 발정이 재귀되는 사모광의 병력을 가지게 된다. 과도한 점액 분비물이 있을 수도 있다.

  치료는 GnRH 혹은 hCG로서 낭종의 황체화 및 뒤이어 사모광의 행위의 정지를 일으키게 한다. 황체화된 구조물은 보통 2~3주 후에 자연적으로 퇴행된다. PRID 처리는 낭종의 퇴행으로 발정 증상의 문제를 용이하게 정지시키며, 소는 PRID 제거 3~5일 후 배란을 동반하는 발정이 재귀될 것이다.

  낭종은 직장을 통하여 압착함으로써 의도적으로 파열해서는 안된다.

● **발정의 부정확한 확인 및 기록**이 18일 미만의 짧은 발정 주기의 간격을 초래할 수 있다. 이전 혹은 이후의 발정주기의 간격은 반드시 연장될 것이며(25~35일), 두 번의 발정 주기의 간격이 합해지면 약 42일이 될 것이다. 대부분의 축군에서는 소수의 동물이 그러한 기록을 가질 것이다. 그러나 다수에서 짧은 발정 주기의 간격이 기록되면 그것은 발정 발견을 증진시킬 필요성이 있음을 지적하는 것이다. 부정확한 발정 발견을 증명하기 위해서는 프로게스테론의 분석을 위하여 수정 시에 우유 샘플을 채취하여야 한다. 이는 발정 시 혹은 직 후의 정상적인 농도에 비해서 높은 농도를 가질 것이다.

7.9 발정 간격 연장

발정 간격 연장 즉, 24일보다 긴 경우는 다음의 원인에 기인된다.

- **발정의 발견 실패:** 이런 경우에는 발정 간격이 18~24일의 배수가 된다. 즉 한 번의 발정주기를 놓칠 경우에는 36~48일, 두 번의 발정 주기를 놓칠 경우에는 54~72일 것이다. 생식관과 난소는 임상검사에서 정상적이다. 만약 적은 수의 동물이 포함되어 있으면, PGF₂α 혹은 유사체(CL이 존재하면) 혹은 PRID로서 발정을 유도할 수 있다. 많은 수의 동물이 포함되어 있으면 발정 발견의 개선에 주의를 기울여야 한다.
- **부정확한 발정의 확인:** 소는 발정 중에 있었으나 발견되지 않았고, 그 뒤 발정휴지기의 시기에 잘못 확인된 것이다. 발정 간격은 25일과 35일 사이 혹은 49일과 53일 사이로 다양할 수 있다. 개체 소들은 PGF₂α 혹은 유사체(CL이 존재하면) 혹은 PRID로 치료할 수 있다. 만약 많은 소가 포함되어 있으면 발정 발견을 향상시켜야 한다.
- **후기 배아 혹은 조기 태아사:** 약 10%의 후기 배아는 14일과 42일 사이에 사멸된다. 이 시기 이후에는 낮은 비율의 조기태아사가 발생한다. 모든 경우에 황체의 수명은 연장되어 연속되는 발정 사이 간격이 연장된다. 원인은 조기배아사의 원인으로서 기술된 것과 같으며, 대부분의 경우 어떠한 특별한 원인이 발견되지 않는다.

  만약 축군의 많은 수의 동물이 포함되어 있고 자연교미가 사용되며, 암소들이 점액 농성 음문분비물 혹은 유산의 병력을 가지면 *Campylobacter fetus veneralis* 혹은 *Trichomonas fetus* 감염이 의심되며, 이들 감염병의 존재 유무를 확인하기 위하여 더 많은 조사가 수행되어야 한다.

7.10 축군의 번식력 평가

전체 축군의 번식력을 평가하기 전에 모든 암소의 번식 자료의 정확한 기록을 수집하는 것이 필요하다. 이러한 자료는 쉽게 이용될 수 있으며, 때로는 인공수정증명서 혹은 검정 기록과 같은 자료로부터 정보들을 수집하는 것이 필요하다. 이상적으로는 개체의 확인, 산차, 분만일, 첫 번째 및 이후의 교미일자, 종모축 확인 및 임신진단 결과와 같은 자료가 반드시 기록되어야 한다.

7.1과 7.4에서 번식력은 소가 12개월 마다 송아지를 생산하는 능력과 관련하여 정의하였으며, 이러한 간격의 이유도 언급하였다. 개체 소에서 1회 분만에서 다음 분만까지의 간격 일수를 분만 간격이라 한다. 분만 간격은 개체 소를 위한 번식력의 유용한 측정기준이며 365일 이어야 한다.

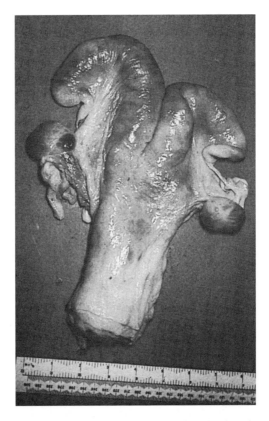

그림 7.6. (a) 양측성 다포성 난포낭종을 가지고 있는 난소와 사모광 증상이 있는 소의 생식기

어떠한 자료이든 간에 수집 후, 축군의 번식력의 다양한 지표를 얻기 위하여 간단한 계산을 하는 것이 가능하다.

- **분만 지수**는 최근의 시점으로부터 어느 특정 시기까지 거슬러 올라가 축군의 모든 소의 평균 분만 간격으로서 계산되며, 반드시 365일이어야 한다. 분만 지수는 제한된 가치를 가지는데 그 이유는 분만 지수가 이전으로 거슬러 올라가 계산되는 시간적인 측정 기준이기 때문이다. 따라서 분만 지수는 현재 임신되지 않은 소 및 임신되기까지 시간이 오래 경과된 소들이 포함되지 않고 더욱이 다수의 불임소가 도태된다면 축군의 번식력을 실제 이상으로 나타낼 수 있기 때문이다. 일단 한 마리의 소가 임신으로 확인되었으면 그 소가 280일에 분만할 것이라는 가정으로 예상 분만간격을 계산하는 것은 가능하다. 이러한 예상 분만 지수가 평균으로서 계산될 수 있다.
- **분만-수태 간격**은 분만으로부터 가임성의 수정까지 간격(일수)이다. 이것이 보다 번식력의 직접적인 측정기준이며, 평균 임신기간은 약 280일로 고정되므로 평균 85일의 분만-임신 간격이 365일의 분만 지수를 나타낸다.

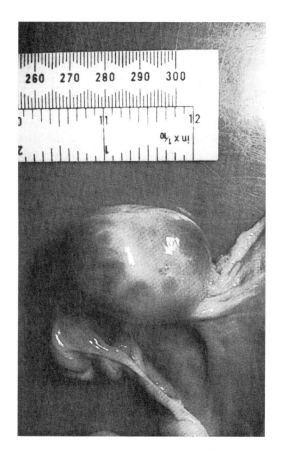

그림 7.6. (b) 벽이 얇은 다포성 난포낭종과 사모광증이 있는 소의 난소

분만-수태 간격은 소가 분만 후 얼마나 빨리 교미가 되었는지(분만에서 첫 수정까지의 간격)와 소가 얼마나 용이하게 임신되었는지(임신율)에 의해 영향을 받게 된다.

- **분만-첫 수정 간격**은 분만으로부터 분만 후 첫 수정까지의 경과 일수이다. 85일의 분만-수태 간격을 얻기 위해서는 소는 분만 후 약 45~50일부터 수정이 이루어져야 한다.

분만-첫 수정 간격은 다음의 요소에 의해서 영향을 받는다.

(1) 정상 난소활동 주기의 재개 시기

(2) 분만 후 발정 발견

(3) 동물의 상태: 초산 및 고비유우는 첫 수정까지 간격의 연장을 요함

(4) 축군의 분만 패턴의 유지 혹은 변경의 필요성: 예를 들면 축군에서 분만 기간의 집중

- **임신율:** 이것은 흔히 수태율로서 언급되며, 첫 교미 혹은 모든 교미에 대해서 계산될 수 있다. 모든 교미의 횟수 대비 임신한 교미 횟수의 비율로서 표시된다. 첫 수정 시에 약 60% 그리고 모든 교미에 있어서는 약 55%가 되어야 한다.

  임신율은 다음의 요소에 의해서 감소할 수 있다.

  (1) 수정의 실패
  (2) 배아사 혹은 태아사

- 조기에 정확한 발정 발견은 최적의 번식력을 얻는데 중요하다. 이는 축군의 기록으로부터 수집된 자료에서 발정 발견 유효성을 평가하는 것이다. **발정 발견율**은 주어진 일정 기간에 걸쳐 발정이 발생한 횟수에 대하여 그 기간에 발견된 발정의 회수를 백분율로서 표현되는 평가법이다. 발정발견율은 기록된 발정기 혹은 교미의 횟수를 포함하며 가상적으로 놓친 발정기(7.9 참조)를 포함하여 계산된다. 발정발견율은 약 80%가 되어야 하나 많은 축군에서 50% 혹은 60% 이상인 곳은 드물다. 불량한 발정 발견은 목장에서 교미 후 6~8주에 실시하는 임신진단에서 높은 비율의 소가 임신이 되지 않는 것으로서 확인할 수 있다.

  소들은 때때로 발정휴지기에 있을 때 인공수정이 이루어지기도 한다. 진성의 발정 확인에 대한 정확성의 측정 기준은 발정주기 사이의 간격과 교미 사이의 간격을 계산함으로써 얻어질 수 있다. 간격의 일수는 다양한 군으로 요약되는데 (a) 2~17일 (b) 18~24일 (c) 25~35일 (d) 36~48일 및 (e) > 48일로 구분된다.

  따라서 **발정 발견의 효율성은** 아래의 공식으로 계산된다.

$$\frac{b+d}{a+b+c+2(d+e)} \times 100\%$$

값이 42 이상이면 양호한 축군에 속하며, 31 이하는 불량한 축군에 해당된다.

  얻어지는 값은 단지 지침일 뿐, 지나치게 고려되어서는 안 된다.

  발정 소의 확인 및 그들의 교미에 대한 유효성의 측정기준은 첫 수정 개체 비율이다. 이것은 특히 계절 분만 축군에서 유용하며, 분만 후 가장 빠른 교미 시점 혹은 그 시점을 경과한 소에 대하여 21일 이내에 교미된 소의 백분율로 표시되는 것으로 정의된다. 그것은 80%와 90% 사이에 있어야 한다.

- 임신에 실패한 소에 대한 **도태율** 역시 축군의 종합적인 번식률의 유용한 측정기준이다. 분만한 소의 약 95%는 궁극적으로 다시 임신되어야 한다.

7.11 우수한 번식능력을 위한 모니터링과 유지

불량한 번식력을 나타내었으나 개선이 된 축군이나 양호한 번식력을 가지고 있는 축군은 현재의 상태를 유지하는 것이 중요하다. 양호한 번식력을 위한 모니터링과 유지의 비결은 다음과 같다.

- 모든 관련 자료의 정확하고 지속적인 기록
- 불임우의 조기 확인
- 불임우 및 다른 소의 검사를 위한 규칙적인 방문

효과적인 계획은 관리인, 농장주와 수의사의 열정과 협력으로만 충족될 수 있다.

정확하고 지속적인 기록

아래의 자료는 반드시 기록하여야 한다.

- 개체의 확인: 효과적이며 명확한 확인이 중요하다.
- 산차
- 분만 일자와 난산, 후산정체 및 자궁 감염과 같은 문제의 상세 내역
- 최초의 교미일 이전에 관찰된 발정 일자
- 첫 수정과 이후의 수정 일자
- 진단 방법을 포함하는 임신의 확인 내역

이러한 자료들은 수집 즉시 기록하여 기입장, 축군 기록지, 개체 기록카드 혹은 컴퓨터 데이터베이스에 옮겨져야 한다. 데이터가 컴퓨터에 옮겨질 때는 사본이 보관되어야 한다.

위에 열거된 자료를 활용하여 번식력을 측정하는데 이용할 수 있는 필요한 지표를 계산하는 것이 가능하며, 다양한 지표가 주별 혹은 월별로 계산할 수 있다. 이것은 특히 축군 관리상 소들에 있어서의 다양한 변화, 즉 가을철에 실내 사육, 봄철에 실외 사육, 새로운 사일리지의 개봉, 새로운 농후사료 혼합물의 급여 혹은 새로운 관리인 또는 수소의 교체와 관련되어 유용하다.

검사를 요하는 소

기록된 자료로부터 검사가 필요한 소를 확인하여야 하며, 다음의 내용이 포함된다.

- 난산, 후산정체 혹은 자궁염을 겪은 소: 이러한 소들은 다른 문제점을 나타내지 않더라도 분만 후 5~7주에 반드시 검사해야 한다.
- 비정상적인 음문 분비물이 있는 소
- 유산된 소
- 사모광의 증상을 보인 소

- 분만 후 42일까지 발정이 관찰되지 않았거나 분만 후 63일까지 교미가 되지 않은 소
- 교미가 있었으나 42일간 발정이 관찰되지 않은 소, 즉 2회의 연속적인 발정주기를 놓친 소: 이러한 소는 임신, 발정의 미발견 혹은 무주기성이다.
- 교미 후 최소한 3회 발정이 재귀된 소
- 임신으로 진단되었으나 이 후에 발정 증상을 보인 소

수의사의 방문 빈도

이것은 축군의 규모와 분만의 계절 패턴에 의존된다. 매우 광범위한 분만 계절을 가지는 대규모 축군은 최소한 주 1회의 방문을 요할 것이나 대부분의 소가 임신으로 확인될 때에는 방문 빈도가 감소할 수 있다.

기록체계

기록체계는 농장, 축군 내 두수 및 축군을 관리하는 관리인의 수에 적합해야 한다. 복잡한 기록 계획은 피해야 하며, 단순하고 간단해야 한다.

정교한 컴퓨터 프로그램은 다수의 지표들을 계산하고, 도표로 나타낼 수 있는 장점이 있으나 그 결과는 초기 데이터가 정확할 때만 신뢰할 수 있다.

임신 중 문제 제**8**장

8.1 출생 전 폐사

7.3에서 지적된 바와 같이 임신한 모든 소가 분만 시 생존하는 송아지를 출산하는 것은 아니다. 출생 전 폐사는 임신 중 어느 단계에서도 발생할 수 있다. 그러므로 그 결과는 다양하여 조기 또는 후기 배아사, 유산을 초래하는 태아사, 미이라 변성이나 태아 침지 또는 사산 태아의 만기 분만을 포함할 수 있다.

조기배아사

조기배아사는 배아가 13일경 이전에 죽는 것을 말한다. 태막과 함께 배아는 자가용해되어 재흡수된다. 소는 정상 간격으로 발정이 재귀되어, 조기배아사를 수정 실패와 구별하기가 불가능하다.

정상적인 발정 사이 간격이 평균에 비해 길지만 여전히 정상 범위 내에 있다. 배아사는 13일 이후에 발생할 수 있으며 정상 간격으로 발정의 재귀를 초래할 수 있다.

후기배아사

배아는 13일과 42일 사이에 죽고 태수는 재 흡수되며, 배아와 태막은 자가용해된다. 경도의 음문 분비물과 소량의 태아 조직의 배출이 있으나, 대부분의 경우에 관찰되지 않는다. 소는 발정간격이 연장되고 불규칙적인 간격 후에 발정이 재귀된다.

8.2 배아사의 원인

배아사의 원인은 7.7과 7.9에 열거되어 있으며 아래와 같다.

- 유전적요인
- 스트레스
- 발열을 초래하는 감염
- 지방간

- 영양 결핍 및 과다
- 내분비 결핍 및 불균형
- 비 특이적인 전염성 병원체
- 특정 전염성 병원체

배아사를 일으키는 특정 전염성 병원체

- *Trichomonas fetus*
- *Campylobacter fetus venerealis*
- Bovine viral diarrhea (BVD) virus
- Infectious bovine rhinotracheitis (IBR), bovine herpes virus 1 (BHV-1)
- Catarrhal vagino-cervicitis
- *Chlamydia psittaci*
- *Haemophilus somnus*

8.3 태아사

태아사는 임신 43일부터 출산 예정일 사이에 발생되며, 다음과 같은 결과를 초래한다.

- 조기태아사 후에 태수의 배출, 태아 조직 및 태막의 자가용해 및 배출이 뒤따를 수 있으나 때때로 관찰되지 않는다.
- 미이라 변성
- 유산
- 사산
- 태아 침지

8.4 태아 미이라 변성

태아사가 발생된 후에 태수의 배출, 태아 조직과 태막의 탈수 및 임신 황체가 지속되므로 수태 산물은 자궁 내에 정체된다.

소에서 태아 미이라 변성이 존재할 때 아래의 상태가 확인될 것이다.

- 분만 예정일에 분만이 일어나지 않는다.
- 임신의 후반 3개월경에 예상되는 유방의 발육 및 다른 임신 관련 변화를 보이지 않는다.

직장검사 시 자궁 내 단단한 덩어리의 존재와 그 주위에 단단하게 수축된 자궁벽이 확인되며, 자궁과 내용물은 퇴축할 필요 없이 쉽게 촉진된다. 자궁소구 혹은 궁부가 촉지 되지 않으며, 중자궁동맥의 진동감도 없다.

미이라 태아는 탈수되어 있으므로 질을 통하여 윤활제 적용 후 견인할 수 있지만(그림 8.1), PGF$_2$α 혹은 유사체 투여 후 2~5일 내에 배출된다.

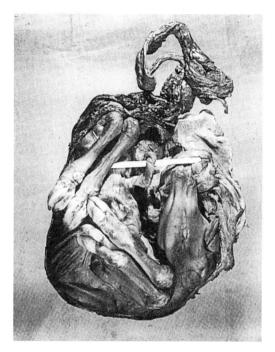

그림 8.1. 미이라 변성 송아지. 흰색 마커는 제대를 나타냄

대부분의 경우에 미이라 변성을 일으키는 태아사의 원인은 확인이 어렵다. 감염성 병원체는 일반적으로 배제할 수 있는데 이유는 이들은 일반적으로 유산을 일으키기 때문이다.

8.5 유산

유산은 교미 혹은 인공수정 후 271일 이내에 한 마리 혹은 그 이상의 송아지가 배출되는 것으로 정의된다. 태아는 죽어 있거나 혹은 24시간 이내에 죽는다.

유산의 빈도

임신 소의 1~2%의 산발적인 유산율은 정상적이다. 그러나 3~5%를 넘게 되면 면밀한 조사가 필요하다. 사산과 미숙 분만 역시 신경을 써야 한다.

8.6 유산 발생 시 취해지는 조치

1979년(Scotland)과 1981년(England and Wales)의 브루셀라병 규정에 따라 271일 이전에 출생한 모든 송아지는 생존하든지 혹은 폐사되었든지 유산으로 규정되며, 이 규정 하에서 다음의 조치가 이행되어야 한다.

(1) 농수산식품부의 수의 검사관 혹은 공무원(보통 지역 수의 공무원)에게 신고하여야 한다.
(2) 유산 중이거나 유산된 소는 태아 혹은 송아지 및 태막과 함께 격리시켜야 한다.
(3) 태아 혹은 송아지 및 태막은 농장에 보관하여야 한다.

독자들은 최근의 브루셀라병 통제와 관련된 규정을 확인해 보아야 한다.

브루셀라병 규정 하에서 효과적이고 주의 깊은 위생 관리가 유산을 일으키는 전염성 병원체의 확산 가능성을 방지하는데 필요하다. 만약 전염성 병원체가 확인되거나 관련되었을 의심이 있을 때에는 다음의 조치가 이행되어야 한다.

(1) 태반과 송아지는 소각 혹은 깊이 매몰 처리하여야 한다.
(2) 오염 건물 혹은 축사는 청소 및 소독을 하여야 한다.
(3) 오염의 가능성이 있는 짚, 찌꺼기 혹은 사료는 소각시켜야 한다.
(4) 분변 혹은 슬러리를 처분하여 전염성 병원체의 확산 기회를 줄인다.

일부 국가에서는 임신 260일 이전에 발생되는 것을 유산으로 정의하고 있다.

유산과 축군의 기록

만약 유산이 152일 전에 발생 되었다면 새로운 번식 기록으로 시작될 필요가 없다. 하지만 152일 이후에 발생될 경우에는 그 날짜에 정상적으로 분만한 것과 같이 유산일로부터 새로운 번식 기록이 시작되어야 한다.

8.7 유산의 원인

유산은 전염성 혹은 비전염성 병원체에 의해 일어난다.

전염성 원인

광범위한 세균, 바이러스, 원충 및 진균이 유산을 일으킬 수 있다. 유산이 발생되는 빈도는 국가에 따라 다르다. 이 외에도 질병 박멸 계획, 예방접종 계획, 목장 관리 체계의 변화 및 기후와 같은 요인들에 의해 발생의 빈도에 변화가 있을 수 있다. 유산을 일으키는 특정 원인체의 확인은 어려운데 송아지 태아질병의 약 6%에서 원인체를 확인할 수 있으며, 이것은 다른 종에 비해 훨씬 낮다.

● *Leptospira interrogans* 종의 스피로헤타는 유산, 사산 및 허약 생존자우의 흔한 원인이다. 다수의 혈청형이 관련되었는데 *pomona, canicola, icterohaemorrhagiae, grippotyphosa* 및 *hardjo*이며, *hardjo*는 영국과 세계 여러 지역에서의 풍토병이다. 4개월에서 출산예정일(6개월 이후가 가장 흔함)까지 발생되는 유산은 급성 발열 혹은 때때로 무유증 또는 렙토스피라 유방염과 관련된 무열성 질병의 결과로서 일어날 수 있다. 진단은 직접 태아 장기 혹은 배양 또는 면역형광기법에 의해 렙토스피라를 동정하고 태아 혈청학에 근거를 둔다. 모체 혈청학은 개체별로 감염된 동물을 동정하는 데는 큰 가치가 없으나 축군 검사를 위해서는 적합하다. 치료와 통제는 효과적인 위생, 설치류 통제, 돼지 및 가능한 한 면양으로부터 소의 격리, 예방접종 및 streptomycin/dihydrostreptomycin 치료이다. 렙토스피라병은 중요한 인수공통전염병이다.

● *Salmonella dublin*은 살모넬라가 일으키는 유산의 약 80%를 차지한다. 그것은 보통 한 차례의 심한 설사 후에 산발적으로 발생된다. 이 질병은 자주 오염된 초지나 물 공급원의 접근 후 일어난다. 유산은 임신 7개월경에 가장 흔히 발생되나 일정치가 않다. 진단은 일반적으로 태아, 태막 혹은 자궁 분비물로부터 병원체의 분리에 근거를 둔다. 통제를 위해서는 효과적인 위생관리가 필요하다.

● *Salmonella typhimurium*과 다른 살모넬라는 *S. dublin*에 비해 유산의 발생이 적다. 진단과 통제는 *S. dublin*에 사용되는 것과 비슷하다.

● *Bacillus licheniformis*는 지난 10년에 걸쳐 소의 산발적인 유산의 흔한 원인으로 확인되었다. 감염은 자주 사일리지 유출수 혹은 썩은 건초로 오염된 물과 사료를 섭취함으로서 발생된다. 유산은 임신 후기에 발생된다. 진단은 원인 병원체의 동정과 진균과 관련된 유사한 태반 병변(아래 참조)에 근거를 둔다.

● *Actinomyces pyogenes*는 임신 전기간에 산발적인 유산을 일으키는 흔한 원인이나 보통 임신 후기에 발생된다. 다른 원발성의 병원체에 대하여 흔한 2차적인 침입균이지만, 그것의 존재가 확인되는 것이 의미가 있다. 진단은 태아나 태막으로부터 병원체의 분리에 근거를 둔다.

● *Listeria monocytogenes*는 산발적인 후기 유산을 일으키고, 한 차례의 발열 후에 발생할 수 있다. 진단은 직접 도말표본 혹은 면역형광법을 이용한 병원체의 동정과 태아의 간과 태반엽의 황색/회색 괴사 병소의 존재에 근거를 둔다. 병원체의 감염은 자주 사일리지의 급여와 관계된다.

● *Campylobacter fetus*는 *venerealis*와 *fetus*로 명명되는 두 개의 아종이 있다. 전자의 아종은 교배에 의해 전파되며 보통 수정 방해 혹은 배아사를 일으킴으로서 번식에 영향을 미치며, 6~8개월에 유산이 발생할 수 있다. *fetus* 아종은 교배에 의해 전파되지 않으며, 임신 4개월부터 산발적인 유산을 일으킬 수 있다. 진단은 직접 도말표본 혹은 배양에 의한 병원체의 동정, 형광항체의 사용, 질 점액 응집검사 또는 혈청학에 의

해 이루어진다. *C. fetus venerealis*와 관련되는 감염은 대부분의 감염우가 3~6개월 내에 면역이 되기 때문에 자기제어방식이다. 교배에 의해 전파되므로 감염이 없는 것으로 밝혀진 종모우로부터 채취 후 항생제 처리를 한 정액을 이용하여 인공수정을 실시하여야 한다.

● *Brucella abortus*는 중요한 인수공통전염병으로 세계적으로 잘 알려진 유산의 주요 원인균이다. 유산은 보통 임신 6~9개월에 발생되나 보다 이른 유산뿐만 아니라 사산과 생존 허약 자우가 발생될 수도 있다. 감염은 보통 유산을 하였거나 분만한 감염우로부터의 태막 혹은 생식기 분비물로 오염된 사료의 섭취 후에 발생된다. 진단은 오염물로부터 염색 도말표본에서 병원체의 동정, 배양, 형광항체 검사, colony blot ELISA 및 우유, 혈청, 질점액과 정액의 다양한 혈청학적 검사 후에 이루어진다. 이 질병은 S19 생항원과 S45/20 사독배양액을 이용한 예방접종 혹은 장기간의 감염동물의 확인 및 살처분으로 통제될 수 있다.

● *Escherichia coli*

● 진균은 임신 4~9개월 유산의 흔한 요인이다. 보통 산발적 발생의 성격을 가지며, 주로 *Aspergillus* spp. 및 *Mucor* spp.에 의한다. 진단은 태아의 외피의 전형적인 백선증 유사 병변, 괴사성 태반염과 가죽양의 궁부 사이 요막융모막 및 진균 균사의 존재에 의해 이루어진다. 곰팡이가 난 조사료 및 깔짚이 사용되지 않아야 한다.

● *Trichomonas fetus* 감염은 주로 불임증을 일으킨다. 그러나 편모가 있는 원충은 임신 4개월 이내에 조기 유산을 초래할 수 있다. 본 질병은 성병이다. 진단은 태아에서 원인체의 동정 또는 생식관으로부터 분비물의 확인에 기초를 둔다. 또한 감염 수소의 포피 세척에서도 확인될 수 있다. 질 및 자궁 점액은 응집항체를 확인하기 위하여 채취될 수 있다. 대부분의 암소가 수개월 후에 면역이 되며, 수소는 회복은 되지만 감염의 영구 보균자로 되기가 쉽다는 사실을 염두에 두어야 한다. 따라서 비감염 수소의 정액으로 인공수정 하는 것이 면역성이 없는 동물의 예방에 바람직하다.

● *Neosporum canium*은 약 임신 6개월에 유산을 일으키는 것으로 최근에 알려진 원충이며, 동물유행병에 속한다. 개에서 신경병을 일으키는 이 병원체는 유산된 태아의 뇌에서 특이 병소의 확인과 유산한 소로부터의 혈액에서 면역형광항체에 의해 진단할 수 있다. 개에 의한 소의 사료 오염 예방이 이 질병의 통제에 확실히 도움을 준다. 향후 소의 유산의 주된 원인이 될 것이다.

● 소바이러스설사병(BVD)을 일으키는 togavirus는 배아사 뿐만 아니라 유산을 일으킬 수 있으며, 사산과 허약 송아지 때로는 선천성 기형 송아지를 초래할 수 있다. 유산에 앞서 감지되지 않고 지나가는 가벼운 일시적인 질병 혹은 명백한 열병이 있다. 진단은 태아에서 육안 및 현미경 병변, 바이러스 분리, 형광항체검사 혹은 혈청학적검사에 근거한다. 질병의 통제를 위하여 지속적으로 감염된 동물의 도태, 면역이 있거나 질병에

감염되지 않은 동물만을 우군 내에 도입 및 예방접종을 실시한다.

● Bovine herpes virus(BHV-1) 감염은 산재성 유산 혹은 감염 동물의 60%까지 폭발적인 유산을 일으킬 수 있다. 그것은 역시 배아사를 일으킨다. 임신 4~9개월에 발생되는 유산은 호흡기질병과 같은 다른 임상증상이 선행되거나 선행되지 않을 수 있다. 진단은 태아 병변, 바이러스 분리, 태아 조직의 형광항체검사 혹은 혈청학적검사에 근거한다. 통제를 위해서 격리와 예방접종을 실시한다.

● Enterovirus에 기인된 catarrhal vaginocervicitis

● Parainfluenza 3 virus

● *Chlamydia psittaci*는 임신 7~9개월에 유산을 일으킨다.

● *Mycoplasma bovis, Acholeplasma laidlawii* 및 다른 마이코플라스마 속은 불임증, 음문질 병변 및 유산을 일으킨다.

● *Haemophilus somnus*는 유산을 일으키며, 불임증을 초래하는 관상생식기의 병변을 일으킨다.

● *Coxiella burnetii* - 인수공통전염병

비전염성 원인

본질적으로 7.7과 8.2에 열거된 것과 같다.

● 유전적 요인 혹은 기형 유발물질에 기인된 선천이상
● 내분비 결핍 및 과다
● 유독식물
● 질산염, 진균독소, 와파린, 갑상샘종 유발물질과 같은 독성 물질
● 영양 결핍: 비타민 A, 요오드
● 영양 과다: 고단백 사료
● 열 스트레스
● 치료 물질: PGF$_2\alpha$ 혹은 유사체, 에스트로겐, 코르티코스테로이드

8.8 유산 원인의 진단

유산의 특정 원인을 확인하는 것은 어려우며, 진단의 성공률은 낮다(< 7~8%). 진단의 성공률이 낮은 원인은 다음 요인에 의한다.

● 영향을 미치는 원인체와 태아 배출 사이의 지연
● 태아와 태막의 자가용해

- 질병 특유 병변의 부재
- 진단법의 부재
- 부적당하거나 부정확한 재료의 실험실 송부

브루셀라병 규정(8.6 참조) 하에서 요구되는 것 외에도 유산의 상세한 조사를 돕기 위하여 아래와 같은 절차가 수반되어야 한다.

- 태아의 체중과 임신기간으로 산출된 태아의 크기를 비교하여 성장 지연의 증거가 있을 때는, 정확한 자연 교미 혹은 인공수정일을 확인한다.
- 유산, 사산 혹은 허약 송아지를 포함하여 이전의 수 주 동안의 상세한 관리의 변화, 산유량 및 건강 상태를 파악한다.
- 특정 병소의 확인을 위하여 태아와 태막을 검사한다.
- 가능한 한 태아 전부와 태막을 최대한 빨리 실험실에 송부한다. 지연의 가능성이 있으면 냉장 보관한다.
- 만약 태아 전부가 아니면 다음의 것을 채취하여 송부하여야 한다. (1) 2㎖의 4위 내용물과 흉수 혹은 복수(존재할 경우)를 멸균 바늘이 부착된 주사기로 채취, (2) 많은 양의 신선한 폐, 간, 신장, 비장 및 침샘, (3) 신선한 궁부, (4) 포르마린에 고정한 폐, 간, 심장 및 궁부, (5) 2~3주의 간격으로 채취하여 응고된 모축의 혈액 7㎖.

8.9 사산

사산은 임신 272일 이후에 폐사된 송아지의 만출로 정의된다. 대부분의 사산은 분만 중 발생한다.

8.10 태아침지

태아침지는 보통 임신 중·후반에 태아사의 결과로서 발생된다. 이 때 황체의 퇴행과 자궁경관의 확장이 있으나 태아는 외부로 배출되지 않고 생식관에 남아 있다. 세균이 확장된 자궁경관을 통하여 들어오게 되어 자가용해 변화와 더불어 부패를 일으키며, 태아 조직의 소화를 초래하여 궁극적으로 태아의 골격만 남게 된다. PGF$_2\alpha$ 혹은 에스트로겐과 같은 호르몬제의 치료가 효과적이지 못하기 때문에, 자궁절개술로 침지 조직을 제거하는 것이 유일한 방법이다. 개복술을 통한 자궁의 접근은 어려우며, 이후의 번식 예후도 좋지 않다.

8.11 선천성 기형

선천성 기형은 출산 전 또는 출산 시기에 존재하는 비정상적인 구조나 기능 상태를 말한다. 어떤 경우에서는 출생 후에도 일정 기간 동안 뚜렷하게 나타나지 않을 수도 있다. 선천성 기형의 결과는 다음과 같다.

- 출생 전 폐사를 초래할 수 있다.
- 난산을 초래할 수 있다.
- 출생 후 송아지의 생존에 나쁜 영향을 미칠 수 있다.
- 선천성 기형으로 인해 생산성이 저해될 수 있거나 후대에 결함이 전달될 수 있기 때문에 송아지의 보유가 비경제적일 수가 있다.
- BSE와 같은 질병을 일으킬 수 있으며, 이 질병은 자궁으로 전달될 수 있다.

송아지의 약 1%가 선천성 기형을 가진다.

원인

- 고열 혹은 기형발생인자를 야기하는 열 스트레스와 같은 환경 요인
- 유전자 돌연변이 혹은 염색체 이상에 기인된 유전적 결함
- BVD, bluetongue virus 혹은 Akabane virus와 같은 감염원

많은 경우 정확한 원인은 밝혀져 있지 않다. 그러므로 모든 선천성 기형은 유전적 소인이 있는 것으로 간주되어야 하며, 번식 목적으로 송아지를 보유해서는 안 된다.

발생빈도가 높은 선천성 기형과 원인

- 주된 기형
  반전성열체: 원인 불명(그림 8.2)
  결합쌍둥이: 원인 불명(그림 8.3)
  연골무형성: 유전적(그림 8.4)
- 골격 및 근육의 기형
  수두증: 유전적
  사경과 척추측만증: 유전적 가능성
  구개열: 유전적 및 기형발생 인자
  관절만곡증: 유전적 및 기형발생 인자
  무미증: 원인 불명
  하악단소: 원인 불명
  다지증: 원인 불명
  합지증: 유전적
  중복근육: 유전적
  굴건구축: 유전적(그림 8.5)

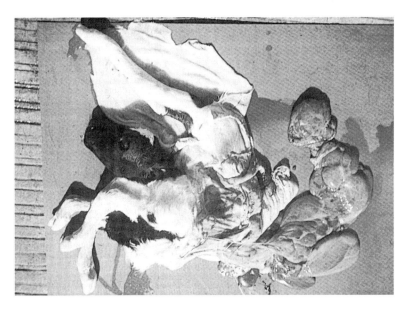

그림 8.2. 반전성열체 송아지

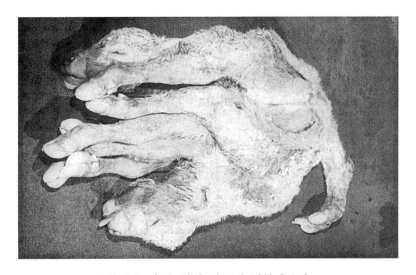

그림 8.3. 출산 시의 샤로레 결합쌍둥이

- 눈의 기형
    소안구증: 원인 불명
    유피낭: 유전적
    백내장: 유전적
- 심장혈관 기형
    이소심장증: 유전적 가능성
    동맥관잔존증 및 난원공개존증: 원인 불명

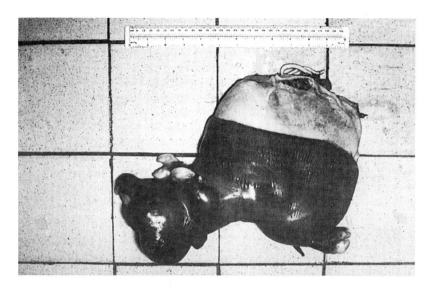

그림 8.4. 연골무형성(bull dog) Dexter 송아지

그림 8.5. 사지에 굴건구축이 있는 Belgian Blue calf

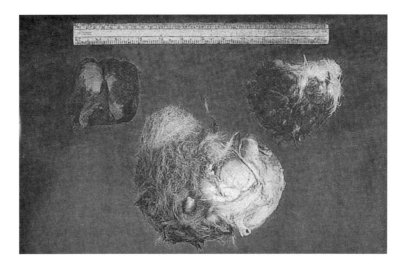

그림 8.6. 3가지의 무형무심체 증례

- 피부계통 기형
    불완전상피발생: 유전적
    제대탈장: 유전적
- 생식계통의 기형(3.5 및 7.6 참조)
- 무형무심체(그림 8.6)

8.12 자궁경관 – 질의 탈출

이것은 음문을 통하여 질과 자궁경관의 돌출을 의미한다. 질의 저부의 경미한 간헐적인 돌출로부터 질과 자궁경관의 영구적인 돌출의 심한 상태까지 다양하다.

원인

탈출은 본질적으로 전정과 음문의 수축 근육의 쇠약에 기인되며, 생식관의 현수인대의 확장에 의해 발생할 수도 있다. 아래의 여러 요인이 포함된다.

- 유전적: 가장 빈번하게 헤어포드와 샤로레와 같은 육우 품종에서 나타난다.
- 비만: 특히 광범위한 복막 뒤 지방의 침착에 기인됨
- 임신: 임신 후반기에 가장 흔히 나타나므로 소의 내분비 상태에 기인된 질과 회음의 이완과 관련될 수 있다.
- 다량의 조사료 급여: 1위의 용적을 증가시켜 복강 내 압력의 증가로 인함
- 지속적 자극: 탈출이 발생될 때 점막은 점진적으로 더욱 탈수, 약화, 손상 및 감염이 심해져서 소의 노책을 자극하게 된다.

진단과 예후

이러한 상태는 보통 시각적인 검사로 명확하게 확인된다. 초기에 질의 용종과 태막의 돌출이 오진을 초래할 수 있다.

분만 수 주 전에 경미한 정도의 탈출은 거의 문제가 되지 않는다. 더욱 심한 탈출, 특히 분만 6주 이전에 탈출이 발생하게 되면 반드시 치료해야 한다. 치료가 실패하게 되면 경관점액전의 용해, 자궁 내 세균의 침입, 태아사 및 유산을 초래하게 된다.

치료

치료의 주된 목적은 출산할 때까지 탈출된 조직을 유지하는 것이며, 이 시기에 문제는 보통 해결된다. 탈출은 다음 임신 시 재발될 가능성이 크기 때문에 다시 번식에 제공해야 할지는 의문이 있다. 이러한 경향은 유전될 수 있는 가능성이 있다.

노책을 방지하기 위하여 미추경막외마취를 실시하고, 점막은 비자극성의 액체(생리식염수 또는 물)로서 청결하게 세척·건조시키며, 바셀린젤리 또는 다른 완화제를 발라 부드럽게 제자리로 놓고, 아래의 방법 중 한 가지를 이용하여 제위치에 있게 한다.

- 밧줄 트러스
- 단순 매트리스 혹은 원주 봉합을 이용한 음문봉합
- 나일론 테이프를 이용한 음문주위 피하 봉합(Bühner method) (그림 8.7).
- 음문봉합술(Caslick operation)

일시적인 봉합은 분만 시에 제거하여야 하며, 많은 예에서 유도 분만을 실시한다. 점막하 절제술 혹은 자궁경관-질 고정과 같은 영구적인 방법들이 이용될 수 있으나 이러한 처치 방법은 어렵다.

8.13 자궁염전

대부분의 자궁염전은 분만 시에 발생하며, 소수의 예가 임신 후기에 발생한다. 자궁염전이 장축으로 180° 이상의 염전 시에만 임상증상이 나타난다.

임신 후기에 맥박수 증가와 함께 복부동통 및 불쾌감이 있을 때 자궁염전의 가능성이 있는 것으로 간주된다. 진단은 질검사(미경산우가 아닌 경우) 혹은 직장검사에 의한다. 교정은 소를 굴리거나 개복술 및 자궁절개술(9.8 참조)에 의한다. 간혹 미이라 변성을 동반한 태아사 혹은 가성 자궁외임신을 동반한 자궁파열이 발생될 수 있다.

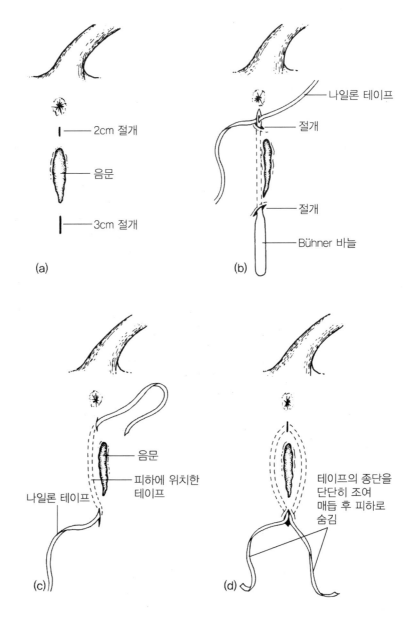

그림 8.7. 자궁경관–질탈의 정복 후 재발 방지를 위한 Bühner method

8.14 자궁파열

자궁파열은 임신 중 명백한 이유 없이 또는 자궁염전의 결과로서 자연적으로 발생된다. 태아는 폐사되거나 제대와 태반에 문제가 없는 경우에는 가성 자궁외임신으로 발육할 수 있다.

8.15 양막수종과 요막수종

임신 중 정상적인 양수 및 요수 양은 2.5에 기술되어 있다. 수종은 태수의 과도한 생산을 의미하며, 요막수종이 양막수종보다 훨씬 흔하다. 경미하거나 중정도의 과도한 태수는 감지되지 못하고 지나쳐 버릴 수 있으나, 심한 예에서는 양수의 양이 100리터, 요수의 양이 250리터에 달할 수 있다.

- **임상 증상**: 임신 마지막 1/3 기간에 과도한 복부 팽대의 증상이 있다. 제 1위가 압박되고 작아져 식욕감퇴가 있다. 소는 보행이 힘들어지며 증상이 악화되면 횡와하게 된다.
- **진단**: 병력청취와 증상으로 이루어진다. 복부 타진은 액체가 찬 큰 덩어리를 감지할 수 있게 하며, 작장검사로 크게 종대된 자궁을 감지할 수 있는데 약간의 자궁소구가 촉지 된다.
- **예후**: 소가 자연적으로 분만하거나 치료되는 시기가 분만예정일에 가깝지 않으면 불량하다. 자궁무력증에 의한 난산 혹은 후산정체에 따른 자궁염의 발생 가능성이 높다.
- **치료**: 매우 중요하게 생각하는 소가 아니라면 치료는 경제적이지 못하며, 대부분의 경우 도태가 바람직하다. 분만은 코르티코스테로이드로서 유도되거나 송아지를 제거하기 위하여 자궁절개술이 실시될 수 있다. 그러나 태수는 약 30분 동안에 걸쳐 천천히 제거되어야 한다. 이렇게 하는 것이 액체가 갑자기 제거되면 복강내압의 갑작스런 감소로 발생되는 순환성 쇼크를 예방해준다.

제9장 난산

9.1 정의

난산은 어려운 출산으로 정의되며, 분만 과정의 경미한 지연으로부터 모체가 출산을 전혀 못하게 되는 상태에까지 이를 수 있다. 난산의 결과는 중요하며 다음과 같은 결과를 초래할 수 있다.

- 사태아 또는 허약태아
- 식욕감퇴, 산유량 감소 및 이로 인한 생산성 감소
- 번식력 저하
- 불임증
- 모체 폐사

9.2 발생

난산의 발생은 모축의 나이 및 산차, 종모축의 품종 및 수컷의 품종과 같은 여러 요인에 따라 영향을 받기 때문에 전반적인 발생율을 기술하기는 어렵다. 3~8%의 발생율이 자주 언급되기도 하지만, Belgian Blue와 같이 근육비대가 발생되는 품종에서는 80%까지 높게 보고되었다.

9.3 원인

전통적으로 난산은 모체성 및 태아성 원인으로 나누어진다. 하지만 구분이 불명확하며 하나의 문제가 다른 문제를 발생시킬 수 있다.

9.4 난산의 대처법

난산이 의심되는 경우 가능한 신속한 방문과 검사를 요하는 긴급 상황으로서 처리되어야 한다. 궁극적인 목적은 모체와 송아지를 모두 살리는 것이다.

아래와 같은 자세한 병력을 반드시 파악하여야 한다.

- 모체의 나이 및 산차
- 이전 분만 병력
- 임신 중 특히 분만과 인접한 기간 동안의 건강상태
- 현재의 식욕과 활동성
- 교미일자 혹은 분만예정일
- 송아지의 종모축 및 그 종모축으로 수정된 다른 개체의 분만에 대한 상세 기록
- 분만이 임박한 첫 증상(분만 제 1기의 개시)
- 노책의 확인과 노책이 처음 나타난 시기 및 특징
- 음문에서 태아 및 태막의 확인
- 요막융모막 혹은 양막의 파열과 양수의 누출 확인
- 목장 관리인에 의한 검사 혹은 조산 내용

9.5 임상 검사

소는 적절한 분만공간에 보정되어 있어야 하며, 아래의 절차가 뒤따라야 한다.

- 전반적인 소의 신체 상태 및 건강상태를 검사한다. 특히 저칼슘혈증 혹은 유방염의 발생에 중점을 둔다.
- 음문 및 골반인대의 이완 정도를 검사한다.
- 음문 분비물의 특징, 특히 냄새에 대해 유의한다.
- 이전의 장애로부터 발생된 상처의 확인을 위하여 음문의 검사를 한다.
- 온수, 비누를 이용하여 회음부 및 음문의 철저한 세척
- 비닐장갑을 착용하고 윤활제를 바른 팔을 부드럽게 질내에 삽입한다. 송아지의 존재 및 위치를 확인한다.
- 굴근, 눈 혹은 흡유반사를 유도하여 송아지의 생존여부를 확인하고 심박동 및 경동맥 박동에 주목한다. 미위에서는 항문반사를 검사한다.
- 양막 및 요막융모막의 파열 여부에 대해 검사한다.
- 자궁경관의 확장 정도에 주의한다. 완전히 확장되었을 때 자궁으로부터 질을 구별하는 약간의 조직 주름이 촉지 된다.
- 송아지가 복강 내 또는 산도에 있는지 주목한다.
- 열상, 혈종 및 다른 손상이 있는지를 확인한다.
- 한 마리의 송아지를 분만한 후에 또 한 마리가 있는가를 확인한다.

9.6 진단

병력에 뒤이은 임상 검사로 난산의 진단이 내려지게 된다. 다음의 내용은 분만 단계의 경과를 상기시켜 준다.

- 분만 1기는 반드시 6시간 이내에 종료되어야 한다. 미경산우는 더 많은 시간을 요한다.
- 분만 2기는 보통 70분 정도 소요된다. 이것은 확실히 4시간 내에 종료되어야 하는데 예외적으로 미경산우에서 6시간 이내에 산도가 적절히 개장되어야 한다.

9.7 처치법

처치는 난산의 정확한 원인에 의존되나 아래와 같은 일반적인 기술이 이용된다.

이상 태위·태향·태세의 교정

분만 1기 동안 송아지는 자궁 내에서 위치의 변화를 진행하여 산도를 용이하게 통과할 수 있다. 이러한 변화는 사지말단부의 신장과 송아지의 장축방향 회전으로 인하여 등쪽면이 모축의 천골 및 척추뼈에 근접하게 된다. 송아지가 산도를 향해 앞쪽(두위) 또는 뒤쪽으로(미위) 진입하는 것은 임신 초기에 결정된다.

송아지의 정상적인 위치는 다음과 같이 기술될 수 있다. **두위·종위**(산도에 대한 송아지의 장축의 관계), **상태향**(천골태향; 모축의 천골 및 척추에 대한 송아지의 등쪽 표면의 관계) 및 **신장된 태세**(머리와 사지의 신장)이다(그림 9.1).

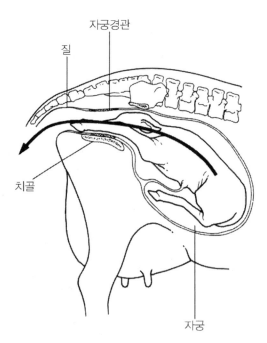

그림 9.1. 출산을 위하여 정상적인 자세에 있는 송아지 – 두위·종위, 상태향 및 신장된 태세(화살표는 자궁으로부터 바깥을 향한 송아지의 궁형 통로를 나타낸다)

송아지는 외부로 배출되기 전에 정상적인 자세에 있어야 한다. 이것은 질을 통해 교정 될 수 있으며 주로 단순한 기계적인 절차에 의한다. 교정은 필요한 조작을 하기 위한 충분한 공간을 확보하기 위하여 송아지를 자궁내로 되밀어 넣음으로서 용이하게 된다. Clenbuterol hydrochloride와 같은 β2 모방제, 자궁이완제 및 미추경막외마취는 노책을 방지하며 추퇴를 용이하게 한다. 송아지가 생존해 있고 적당한 윤활제가 있다면 이상 자세의 교정은 보다 용이해진다.

견인 추출

견인 추출은 자궁근 수축 및 복부노책의 협동으로 유기되는 정상적인 만출력을 보충하기 위하여 요구된다. 견인 추출은 만출력이 송아지를 배출하기에 불충분할 때 요구되며, 가급적이면 노책과 조화를 이루어 적용되어야 한다. 견인 추출은 로프 올가미 혹은 산과 체인을 귀의 뒷부분과 후두부에(그림 9.2a) 혹은 다리의 구절관절 위에(그림 9.2b) 적용하여 실시한다. 태수를 이용한 자연적인 윤활 혹은 셀룰로오스 산과용 윤활제 또는 산과용 비누와 같은 인공 윤활제의 적용이 반드시 필요하다.

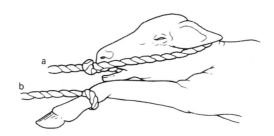

그림 9.2. 견인 추출을 위한 로프 올가미의 연결 부위 (a) 머리의 견인을 위한 올가미 (b) 다리의 견인을 위한 올가미

견인 추출은 한 쪽 발을 다른 쪽 발보다 먼저 진행하면서 산도를 통하여 송아지의 정상적인 진행 방향을 촉진하는 방향으로 적용되어야 한다(그림 9.1). 머리에 대한 과도한 견인은 피해야 한다. 힘의 방향은 궁형을 따르며 산도에 대하여 송아지의 위치에 의존한다.

송아지의 견인, 분만잭 혹은 활차장치와 같은 견인에 사용되는 기구들은 사용 시 발생되는 기계적인 위력 때문에 매우 주의를 기울여야 하며, 반드시 경험이 있고 책임성이 있는 사람에 의해 사용되어야 한다. 부적절한 사용은 모축과 송아지에 손상을 야기할 수 있다.

절태술

이 기술은 송아지의 일부분의 절단 또는 여러 부분으로 분할을 실시함으로써 질을 통하여 추출되어질 수 있도록 한다. 아래의 기본적인 원칙을 따라야 한다.

- 송아지가 확실히 죽어 있거나 기형태아와 같이 절태 과정이 시작되기 전에 폐사시키게 되는 상태의 송아지여야 한다.
- 미추경막외마취가 반드시 사용되어야 한다.
- 절태술 과정 중 절단이 한 번을 초과하는 경우는 지양해야 한다.
- 반드시 적절한 기구가 사용되어야 한다.
- 절태 기술은 가능한 한 무균적으로 실시되어야 한다.

대부분의 절태기는 관상의 형태로서(그림 9.3) 모축의 생식기를 외상으로부터 보호한다. 강철 와이어를 송아지가 절단되어야 하는 부위를 관통시킴으로써 절단이 이루어진다.

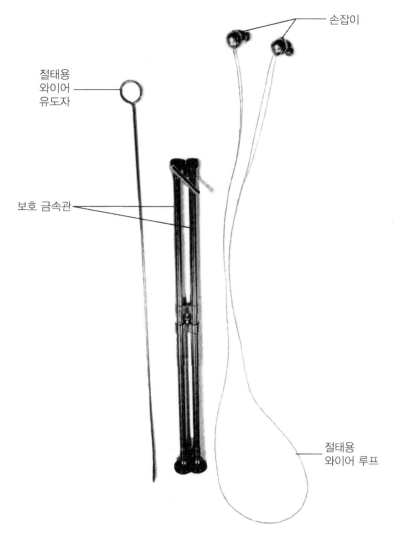

손잡이

절태용
와이어
유도자

보호 금속관

절태용
와이어 루프

그림 9.3. Thygesen 관상 절태기

절태술은 외상 때문에 신중하게 진행되어야 하는데, 특히 절태 절차가 광범위하고 지연될 경우 모축의 번식력에 영향을 줄 수 있기 때문이다.

제왕절개술

제왕절개술은 생존해 있는 송아지가 존재하고 난산이 다른 수단으로 교정될 수 없을 때 선택하는 방법이다. 적절하게 수행되면 송아지의 생존율 향상, 모축의 폐사율 감소와 더불어 이 후의 번식률은 최소한으로 감소시키게 된다.

이에 대한 자세한 내용은 소의 외과학 표준 교재에 잘 설명되어져 있다.

9.8 난산의 특정 원인 – 1군

난산의 특정 원인의 첫 번째 군은 모축이 강렬하지만 수 시간동안 비생산적인 노책을 하는 것이 관찰되는 것이다.

태아-모체의 불균형

이것은 태아가 정상보다 크거나 산도, 특히 골반골이 너무 작거나 체형 이상인 것을 암시한다. 이 두 가지 경우 송아지는 조력 없이는 산도를 통과할 수 없게 된다.

이러한 것이 수의사가 왕진하게 되는 가장 흔한 난산의 원인이다. 태아-모체의 불균형에 의한 난산은 특히 미경산우 및 근육비대가 있는 육우 품종에서 흔하다.

이 때 비생산적인 노책의 병력이 있으며, 하나 또는 두 개의 다리 말단부가 음문으로부터 돌출되어 있을 것이다.

질을 통한 임상 검사는 송아지가 정상적인 태위, 태향 및 태세를 나타내고 자궁경관이 완전히 개장되어 있으며 질, 음문 및 회음부가 정상적으로 이완되어 있음을 보여준다.

처치는 먼저 적절히 윤활제를 적용하여 견인 추출을 시도한다. 보통 처치의 경과는 3인이 협력하여 10분간 진행한 후 진척 상태를 평가한다. 만약 송아지가 두위로 있어 견인으로 양쪽 앞발꿈치가 모두 골반연 위로 통과할 수 있을 때 견인은 성공적인 것으로 보인다. 다른 방법으로는 견인율을 산정하기 위하여 Hindson's formula를 사용하므로서 견인의 성공을 예측할 수 있다.

$$견인율 = \frac{좌골\ 사이\ 간격}{송아지\ 발가락\ 직경} \times \frac{P_1}{P_2} \times \frac{1}{E}$$

P_1 = 미경산우를 위한 0.95의 산차 요인
P_2 = 미위를 위한 1.05의 교정 요인
E = 근육비대가 있는 품종을 위한 1.05의 교정 요인

2.5 이상의 견인율은 견인에 의해 해결하기가 쉬우나 2.5 미만의 견인율은 제왕절개술을 요한다.

어떤 경우에는 견인 추출로 송아지를 가슴 부위까지 통과시키나 송아지의 뒤쪽 부분이 산도를 통과하지 못한다. 이러한 경우를 둔부고착이라 하고, 송아지의 대퇴골의 대전자가 장골축과 충돌이 있으며, 슬관절이 골반연과 충돌이 있게 된다. 이 때 송아지는 자궁 내로 밀어 넣어야 하며, 장축으로 약 $45° \sim 90°$로 회전시킨 후 견인을 반복한다. 실패 시 절태술을 요한다.

제왕절개술은 견인 추출이 성공적이지 못 할 경우에 선택되는 방법이다. 송아지가 생존해 있을 때 과도한 견인으로 죽은 송아지를 분만시키는 것보다는 이 방법이 우선적으로 선택된다.

절태술은 둔부고착에 이어 송아지가 폐사될 때에만 실행할 수 있는 처치법이다. 송아지의 앞부분의 절단 후 내장이 적출되며 골반은 절태기로서 양분된다. 각 부분이 분리되어 제거된다.

태아-모체의 불균형 **예방**이 중요하며 아래의 방법으로 예방할 수 있다.

● 모체의 선발: 모체가 적당한 크기인지를 확인
● 종모축 선발: 난산의 위험성이 큰 종모축으로 교배시키지 않으며, 미경산우를 위하여 난산율이 낮은 종모축을 선발한다.
● 사료과급으로 모체가 과비되지 않도록 하여야 한다. 사료 섭취량의 감량은 태아 성장율 및 크기에 거의 영향을 미치지 않는다.
● 분만 예정일 전에 분만을 유도시킨다.
● 우수한 골반 체형을 가진 모체를 선발한다. 골반은 넓은 관골결절 및 좌골결절을 가지며 머리 부위에서 꼬리 부분으로 경사져 있어야 한다.

자궁경관의 불완전한 개장

자궁경관의 불완전한 개장 시에는 비생산적인 노책의 병력이 있다.

질을 통한 임상 검사는 일부만 개장된 자궁경관과 송아지의 일부(보통 하나 또는 두 개의 사지 및 머리 부분)가 질을 통하여 돌출되어 있는 것을 볼 수 있다. 어떤 경우에는 경관이 단단한 조직의 띠 형태로서 느껴질 수 있다.

불완전한 자궁경관의 개장은 저칼슘혈증, 경관의 섬유증, 내분비 결핍증 혹은 분만 시에 발생되는 내분비 변화에 대한 경관조직의 반응 실패로서 일어난다.

처치는 분만 1기가 종료되지 않았고 송아지가 생존해 있으면 calcium borogluconate를 정맥으로 투여하고 1시간 기다린다. 만약 그 시간까지 반응이 나타나지 않고 분만 1기가 거의 종료될 경우, 조심스러운 견인으로 개장을 완료시킬 수 있을 것이다. 그렇지 않을 경우에는 제왕절개술이 지시된다. 죽거나 부패된 송아지는 다른 이유로 인해 오래 지속된 난산과 관련될 수 있으며, 정상적으로 확장되던 자궁경관이 폐쇄를 시작하게 된다.

음문 혹은 질의 협착

보통 미경산우에서 비생산적인 노책의 병력이 있다.

음문협착 예의 임상 검사에서 작고 빈약하게 이완된 음문을 확인할 수 있는데 음문 내로 손과 팔을 삽입하기가 어렵다. 하나 또는 두개의 다리가 음문으로부터 돌출될 수 있으며 송아지는 정상적인 태향, 태위 및 태세를 유지하고 있다. 자궁경관은 완전히 개장되어 있다. 질협착이 있는 경우 질검사 시 하나의 협착증으로서 확인된다.

원인은 내분비 이상, 분만과 관련된 내분비 변화에 대한 조직의 반응 실패 혹은 선천성 결함에 의한다. 이는 미숙 분만 혹은 임신말기 유산을 암시할 수 있다.

음문협착의 **처치**는 질을 신장시키기 위하여 적당한 윤활과 함께 부드러운 견인을 하거나 음문절개술(그림 11.2) 혹은 분만을 지연시켜서 음문의 연화를 촉진시키는 시간을 위하여 clenbuterol과 같은 β₂ 모방제(3.13 참조)를 투여한다. 견인은 1°~3° 회음부 열상을 초래할 수 있다. 질 협착이 경미할 경우 조심스런 견인을 하거나 3° 회음부 열상을 방지하기 위해 10시 및 2시 방향의 음문절개술을 처치할 수 있다. 심한 협착은 제왕절개술을 요한다.

연부조직의 폐색

비생산적인 노책의 병력이 있다.

질을 통한 임상 검사 상 송아지가 정상적인 태위, 태향 및 태세에 있음을 볼 수 있다. 자궁경관은 완전하게 개장되었으나 질협착과 혼동을 줄 수 있는 연부조직의 폐색이 있다. 질종양, 섬유조직의 띠로서 존재하는 뮬러관 잔존 혹은 송아지의 사지가 양쪽의 자궁경관에 들어 있는 중복자궁경관이 있을 수 있다.

치료: 뮬러관 잔존은 가위로 절단할 수 있다. 종양과 중복자궁경관은 제왕절개술을 요한다.

골반뼈의 결함

비생산적인 노책과 이전 골반의 손상의 병력이 있을 수 있다.

임상 검사는 천·장골 탈구와 같은 골반결함의 외부 증상을 보인다. 질 검사는 송아지가 정상적인 태위, 태향 및 태세에 있으며, 완전하게 개장된 자궁경관 및 변형되고 비정상적인 골부 산도를 보여 줄 것이다.

치료: 경미한 결함의 경우에는 조심스런 견인 추출이 시도되며, 그렇지 않은 경우에는 제왕절개술을 실시하고, 모축에게 다시 교배를 시키지 않도록 한다.

자궁염전

많은 예에서 증상이 보이지는 않으나, 경미하게 비생산적인 노책의 병력이 있다. 모축은 자주 꼬리를 올리고 서있으며 불편해 하는 증상을 보인다.

음문과 회음의 **임상 검사**로 경미한 염전, 대칭성의 소실 및 골반내로 당겨지는 증상을 볼 수 있다. 만약 염전이 360°이면 관강이 거의 폐색되어 손에 의한 질검사는 어렵다. 만약 염전이 180° 혹은 이내이면 팔을 질내로 삽입하여 비틀린 방향을 따라 경관을 통과하는 것이 가능하다. 염전은 우측이나 좌측으로 발생될 수 있으며 좌측염전이 흔하다. 송아지의 사지는 염전된 곳에 포함되어 있을 수 있다.

이러한 자궁염전의 **원인**은 확실하게 알려져 있지 않다. 자궁염전은 격렬한 태아의 움직임과 관련될 수 있는데 분만 1기의 자궁수축의 개시에 의해 촉진될 수 있다. 또한 임신자궁의 불안정한 현수와도 관련될 수 있는데, 특히 다산우에서 그렇다.

치료: 가장 간단하고 성공적인 방법은 모축을 굴리는 것이다. 소를 바닥에 누인 후 전지와 후지를 각각 함께 묶고 자궁이 염전된 쪽(즉 좌측 전위이면 좌측)으로 횡와시킨다. 팔을 질 내에 삽입하고 가능하다면 태아를 움켜잡거나 최소한 자궁이 움직이는 것을 멈추도록 한다. 그 때 소를 신속하게 180° 돌린다. 정복이 되면 염전이 풀린 것을 느낄 수 있으며, 그렇지 않은 경우 혹은 부분적으로만 교정이 되었다면 굴리는 것을 반복해야 한다.

대부분의 경우에 일단 염전이 교정되면 경관은 개장된 것을 볼 수 있으며 송아지는 견인 추출에 의해 만출될 수 있다. 만약 경관이 완전히 개장되어 있지 않으면 모축은 약 1시간 동안 경관이 개장될 수 있도록 두어야 한다. 경관 개장이 일어나지 않을 경우 제왕절개술이 필요하다.

만약 모체의 회전으로 염전을 교정하지 못하게 되면 좌겸부 개복술을 통하여 처치될 수 있으며, 이 방법이 성공적이지 못할 경우 제왕절개술을 실시한다.

산도 내 쌍태의 존재

비생산적인 노책과 하나 혹은 더 많은 사지말단부가 음문에 출현되는 병력이 있다.

임상 검사는 정상적으로 이완된 음문과 회음, 완전히 개장된 자궁경관 및 두 마리의 송아지가 동시에 산도에 진입한 것을 보여준다. 여러 개의 사지말단부와 송아지와의 위치 관계를 확인하기 위하여 세심한 촉진이 실시되어야 한다. 결합쌍둥이는 아래의 기형에서 설명된다.

치료: 산도 내 다른 한 마리를 위한 공간을 확보하기 위하여 한 마리의 송아지는 자궁내로 밀어 넣어야 한다. 이런 경우 종종 사지와 이에 짝이 맞는 몸통을 맞추는 것이 어려울 수 있다. 두 마리의 송아지가 동시에 산도 내에 진입해 있는 경우, 미위·종위인 태아를 먼저 출산시킨다. 만일 한 마리가 다른 것에 비해 앞으로 나와 있으면 이것을 먼저 출산시킨다.

쌍태 송아지는 항상 단태 송아지보다 작아 조작하기가 용이하다.

기형(선천성)

비생산적인 노책과 사지말단부가 음문으로부터 출현되는 병력이 있다. 반전성열체의 예에서는 장과 다른 내장이 음문에 출현될 수도 있다.

질을 통한 임상 검사는 이완된 음문, 완전히 개장된 자궁경관 및 송아지의 신체 부분이 산도에 진입한 것을 보여준다. 기형의 종류를 확인하는 것이 어려울 때가 많다. 기형을 유발하는 선천성 기형의 원인은 도해를 포함하여 8.11에 기술되어 있다.

흔한 기형의 예는 아래에 나열하였다.

● **반전성열체**(그림 8.2): 내장이 질 내에 뿐만 아니라 음문을 통해서도 돌출되거나 사지가 존재한다. 크기가 작을 경우에는 질을 통하여 출산이 가능하나 그렇지 않을 경우에는 제왕절개술 혹은 절태술이 필요하다.

● **결합쌍둥이**(그림 8.3): 두 마리 송아지의 결합은 신체의 어느 부위에도 있을 수 있다. 때때로 정상적인 쌍태와의 감별이 어려울 수 있다. 반드시 제왕절개술에 의해서 분만시켜야 한다.

● **몸통기형체**: 이것은 몸의 앞부분은 정상이나 뒷부분이 척추뼈와 후지의 강직증을 가진다. 때때로 질 검사에 의해 확인하기가 어려우며 반드시 제왕절개술로 분만되어야 한다.

● **관절만곡증, 사경 및 척추측만증**: 사지말단부가 구부러져 단단하게 된 상태를 말한다. 이러한 기형은 질을 통한 조작에 의해 사지말단부를 신장하기가 불가능하다는 것을 발견할 때 까지는 이들을 확인하기가 어려울 수 있다. 분만은 절태술 또는 제왕절개술에 의한다. 후자의 경우 부분적인 절태술이 자궁 절개를 통하여 요구될 수도 있다.

● **복수**: 때때로 연골무형성 혹은 왜소증과 관련되는 것으로 보인다. 복부 배액 및 견인으로 처치하거나 제왕절개술에 의한다(그림 8.4).

● **전신부종**: 전신적인 피하 부종의 상태이며 제왕절개술에 의하여 처치된다.

이상 태위 · 태향 · 태세

태위, 태향 및 태세의 이상은 모든 소에서 가장 흔한 난산의 원인이다.

임상 증상: 비생산적인 노책과 때로는 음문에서 태아의 사지말단부의 존재를 확인 할 수 있다. 질 검사는 송아지가 비정상적인 태위, 태향 및 태세에 있으며, 자궁경관이 완전하게 개장되어 있음을 보여준다. 세심한 촉진으로 정확한 이상을 확인 할 수 있다.

원인은 완전하게 밝혀져 있지 않다. 다음의 여러 원인이 포함될 수 있는데 송아지의 반사 전개의 실패, 부적당한 태아 운동의 자극, 태아의 무산소증이다.

치료: 전반적인 처치 원칙이 9.7에 기술되어 있다.

태세의 이상

이러한 이상은 일측성이거나 양측성일 수가 있는데 머리와 목 혹은 사지에 국한 되거나 조합일 수도 있다.

두위에 있는 송아지에서 발생되는 태세 이상은 다음과 같다.

● 일측성 혹은 양측성 완관절 굴절: 추퇴 및 신장

- 일측성 혹은 양측성 주관절 굴절: 추퇴 및 신장
- 일측성 혹은 양측성 견관절 굴절: 추퇴 및 신장. 머리가 음문으로부터 돌출되어, 부종성, 울혈 및 비대하게 된다. 송아지가 죽게 되면 환추후두관절의 관절 이단술에 의한 머리의 절단을 포함하는 간단한 절태술로 앞다리의 추퇴 및 신장이 가능하게 된다.
- 머리와 목의 외측 굴절: 이것은 다른 자세의 이상과 함께 발생될 수 있다. 치료는 척추뼈의 강직증이 없으면 추퇴와 신장에 의한다. 이것이 성공적이지 못하게 되면 절태술 혹은 제왕절개술이 실시되어야 한다.
- 머리와 목의 배 쪽 굴절은 추퇴와 신장에 의해 처치된다.
- 둔부 굴절은 후지가 송아지의 머리를 향하여 신장되어 있으며, 모축의 골반연을 지나 산도 내에 위치해 있다(견좌자세). 둔부 골절은 쌍태의 동시 존재 시와 혼동할 수 있다. 처치는 추퇴 및 견인 추출에 의한다.

미위에서 발생되는 태세 이상은 다음과 같다.

- 일측성 혹은 양측성 비절 굴절은 추퇴와 신장에 의해 처치된다.
- 일측성 혹은 양측성 둔부 굴절은 둔위로 불리며, 추퇴와 신장에 의해 처치된다.

태향의 이상

태향의 이상은 두위 혹은 미위에 있는 송아지에서 태세의 이상과 함께 발생할 수 있으며, 다음을 포함한다.

- 하태향
- 좌측태향
- 우측태향
- 기타 자세, 예를 들면 하-측 태향

처치는 장축으로 추퇴 및 회전을 포함하며, 교정이 완전하게 될 때까지 수 회 반복할 수 있다. 적당한 윤활이 중요하다.

태위의 이상

미위·종위가 비정상으로 간주되지 않는다면 태위의 이상은 소에서는 흔하지 않다(약 5%의 송아지가 미위·종위로 분만되며, 난산이 빈번하지 않다). 이러한 태위에서 태아-모축 불균형이 두드러지게 나타나며, 사산의 발생이 두위로 분만되는 것에 비해 높다.
횡위는 임신 자궁의 형태와 제한된 공간 때문에 드물다.

9.9 난산의 특정 원인 – 2군

노책이 전혀 없거나 제한적으로 존재하며, 분만 1기가 명백하게 지연된다.

자궁파열

현재는 멈추었지만 어느 정도의 비생산적인 노책과 분만 2기의 진행 없이 1기의 개시가 있었다는 병력이 있다. 임상 증상은 파열의 정도에 따라 다르다.

질을 통한 임상 검사에서 개장되었거나 부분적으로 개장된 자궁경관과 함께 송아지는 촉지가 되지 않으며, 파열된 자궁으로 제대가 걸쳐있는 것을 확인할 수 있다.

치료는 개복술에 의한다.

자궁염전

9.8에 기술되어 있다. 자궁염전은 노책이 관찰되지 않고 발생할 수 있으며, 소는 분만 2기로 진행되지 않고 1기에 머물러 있는 병력이 있다.

자궁경관의 불완전한 개장

9.8에 기술되어 있다. 분만 2기로 진행되지 않고 분만 1기 지연의 병력이 있다. 노책의 증거는 없다.

질을 통한 임상 검사에서 자궁경관의 일부만 개장되어 있어 송아지의 사지말단의 통과가 불충분하게 됨을 보여준다. 태막이 돌출되어 있을 수도 있다. 송아지의 생존성 및 부패 변화의 증상을 확인해야 한다.

치료: 소가 분만 1기를 완료하지 않았을 가능성이 있다. 그러므로 최소한 1시간 정도 그대로 두며, 더 이상의 개장 여부를 재검사한다. 유열의 임상 증상이 없다고 하더라도 calcium borogluconate를 정맥으로 투여하여야 한다. 개장이 일어나지 않는다면 송아지는 제왕절개술에 의해 분만시켜야 한다.

송아지가 죽고 부패의 증상이 있으면, 송아지의 만출 실패에 기인된 것이다. 따라서 검사 시 자궁경관이 폐쇄된 상태로 있을 것이다. 이러한 상태는 임신 후기 유산 후에 발생한다.

자궁무력증

원발성 자궁무력증은 특히 나이가 많은 다산우에서 흔하게 발생하며, 임신 후기 유산 및 저칼슘혈증과 관련된다.

노책의 증상 없이 분만 1기 지연의 병력이 있다. 저칼슘혈증의 증상이 나타날 수 있다.

질을 통한 임상 검사는 자궁경관이 완전하게 개장되어 태막이 산도에 진입되어 있으나, 송아지는 여전히 자궁 내에 존재하고 있음을 나타낸다.

치료: Calcium borogluconate를 투여하며, 음문과 질이 이완되게 하여 송아지를 견인 추출에 의해 분만시킨다.

자궁의 복측 실위 또는 전위

이것은 흔한 상태가 아니다.

직근 혹은 치골전건의 파열로 하수된 복부를 가지는 고령의 소에서 노책의 증상 없이 연장된 분만 1기의 병력이 있다.

질을 통한 임상 검사에서 완전히 개장된 자궁경관과 송아지가 자궁 내에 존재하며, 복부 내 깊숙이 위치해 있음을 확인할 수 있다. 자궁무력증이 있을 수 있다.

치료: Calcium borogluconate를 투여하며, 견인 추출법을 이용한다.

10.1 서론

태반은 정상적으로 송아지의 만출 후 평균 약 6시간에 배출된다. 정상적인 분리와 배출 방법은 3.10에서 이미 기술하였다.

10.2 발생

정상적인 분리 및 배출 시간에 대한 다양한 주장으로 인하여 정확한 발생율을 제시하기는 어렵다. 그러나 육우에 비해 젖소에서의 발생율이 높으며, 평균 약 8% 이다. 비정상적인 상황 하에서는 발생이 증가하며, 특정 해 동안 특정 목장에서 급격한 증가를 보여주기도 한다. 원인은 대부분 알 수가 없다.

10.3 원인

원인에 대해서 완전히 알려져 있지 않아 정확한 설명이 어렵다.

● **태반 성숙의 실패**: 이것이 후산정체의 가장 중요한 원인이다. 분만 개시를 초래하는 내분비 변화 역시 태반의 성숙변화와 관계된다.
● 유산 혹은 분만 유도에 따른 **조산**: 후산정체는 불완전한 태반 성숙으로부터 초래될 수 있다.
● **자궁무력증**: 태반의 물리적인 분리는 송아지의 만출 후 지속적인 자궁 수축에 의존된다. 따라서 자궁근 활동을 저하시키는 저칼슘혈증, 이차적인 자궁무력증을 초래하는 난산 및 내분비 결핍 혹은 불균형과 같은 요인들이 자궁 수축의 강도 및 지속 시간에 영향을 줄 수 있다. 그러나 이러한 것이 태반의 최종적인 만출의 지연을 초래

할 수 있지만, 장기간 후산정체를 야기 시키지는 않는 것으로 보인다.

- **쌍태 및 다태 분만:** 후산정체는 쌍태로 인한 임신기간의 단축에 의한 조산(미숙분만) 혹은 자궁근의 과도한 확장에 기인된 자궁무력증에 의할 수 있다.
- 태반염, 융모 및 음와의 부종 또는 융모의 괴사와 같은 **태반의 병변**이 물리적인 접촉의 정도를 증가시키거나, 태반 분리를 방해할 수 있다.

10.4 영향

후산정체의 영향에 대해서 정확하게 개량하기는 어려우나 다음과 같이 열거할 수 있다.

- 우유 맛의 변질: 오염된 우유는 폐기되어야 한다.
- 식욕 및 유생산량의 감소 가능성
- 자궁감염의 가능성
- 자궁수복 속도의 감소
- 첫 수정 및 이 후의 임신율의 감소 및 분만 후 수태간격의 연장
- 도태 가능성 증가

1995년 영국에서 후산정체가 발생한 각 개체 당 손실액은 직접적인 치료비 £6~25을 포함하여 총 £289에 달하였다.

10.5 치료

치료 반응에 대한 평가의 문제로 인하여 여러 치료법의 유용성에 대하여 의견이 분분하다. 소의 관리인들은 불쾌한 냄새 때문에 후산정체가 있는 소 옆에서 일하는 것을 싫어한다(특히, 착유실에서). 따라서 빨리 제거되기를 바란다. 태반이 쉽게 분리되기 전에 손으로 제거를 시도하면 자궁에 심한 상처를 초래할 수 있다. 후산정체의 치료를 위하여 다음의 방법이 고려되어야 한다.

- 소 관리인에게 음문에 매달려 있는 태반을 비절 부위에서 자르도록 조언해야 한다.
- 만약 소가 아프거나 열이 있는 경우, 손으로 제거하지 않아야 한다. 광범위 항생제를 투여하여야 한다.
- 손을 이용한 제거는 분만 후 4일 전에는 시도되지 않아야 한다. 그 후 질 내에 있는 태반 덩어리를 서서히 조심스럽게 견인하여 제거한다. 손은 자궁경관을 지나서는 안 된다.
- 자궁 내 치료는 별 가치가 없다. 광범위 항생제의 치료가 바람직하나 우유의 반입 중

지를 요한다.

- 옥시토신, PGF$_2\alpha$ 혹은 유사체 및 다른 호르몬들도 효과가 거의 없거나 전혀 없다.
- 후산정체가 있었던 모든 소는 분만 후 3~4주경에 자궁수복의 정도 및 자궁감염의 평가를 위하여 검사해야 한다.

제11장 산욕기 중 문제점

11.1 서론

정상적인 산욕기는 5장에 기술되어 있다. 소의 생식 주기 중 이 시기에 발생하는 문제는 불임증의 초래에 매우 심각한 영향을 미칠 수 있다. 그러나 이와 관련되는 많은 문제점은 적절한 산과 처치에 의해 예방할 수 있다.

11.2 음문과 질의 열상

이러한 손상은 난산에 이어 가장 빈번하게 발생하며, 서투른 산과 조작과 관련이 있다. 난산과 관련된 장애가 없으면 열상이 매우 드물게 발생한다.

질열상

심한 견인 추출이 이루어질 때 발생하는데, 특히 부적절한 윤활 시, 질이 이완되어 있지 않고 경미한 협착이 있을 때, 적당한 추퇴 없이 다리의 신장에 대한 시도가 이루어질 때 발생한다.

소는 빈번한 노책 및 체액 삼출물과 찌꺼기의 배출을 동반하는 골반 부위의 통증을 보일 것이다. 이 병변은 기회감염병원체, 특히 *Fusobacterium necrophorum*이 자주 감염된다.

일시적인 통증의 제거 및 노책을 중지시키기 위해서 국소 마취제 및 xylazine을 이용한 미추경막외마취와 전신적인 항생제 및 국소 피부연화크림으로 치료한다.

음문열상

음문 열상은 빈번하게 회음을 포함한다. 태아-모체 불균형이 있을 때, 음문 협착이 있거나, 음문이 이완되어 벌어질 수 있는 상태가 되기 전에 과도한 견인, 특히 무분별한 분만보조기의 사용이 적용될 때 음문 열상이 발생된다.

제 1°의 표재성의 열상은 점막 및 피부를 포함하며, 열상이 발생하면 가급적 신속하게 봉합해야 한다.

제 2° 열상은 음문 수축근과 같은 심부 조직이 포함되며, 즉시 봉합해야 한다. 복구가 없이 회복되는 경우는 기질 및 불임증을 일으킬 수 있다.

제 3° 열상은 음문, 질벽, 항문 괄약근 및 직장을 포함하므로 총배설강이 형성된다(그림 11.1). 치료는 반흔이 형성될 때까지 약 6주간 지연시켜야 되며, 이 후에 열상의 봉합을 위하여 Aanes' method가 이용된다. 회복의 실패는 질의 분변 오염, 기질 및 자궁염을 초래한다.

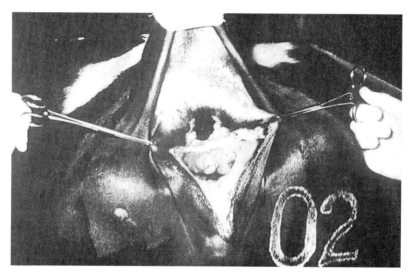

그림 11.1. 제 3° 회음 열상이 있는 소. 직장과 질전정/질 사이 조직의 파손으로 총배설강이 형성됨

음문 열상은 음문절개술(그림 11.2) 및 조심스런 견인 추출에 의해 예방할 수 있다.

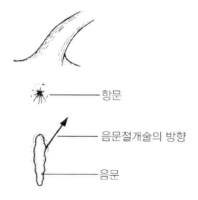

그림 11.2. 음문절개술의 절개 부위

11.3 생식기도의 타박상

태아-모체측 불균형 혹은 적당한 윤활제의 작용 없이 견인 추출의 결과로서 흔히 발생한다. 중정도의 타박상은 별 영향을 미치지 않으나, 심한 타박상은 심부 조직에 대한 손상과 관련될 수 있다(11.5 참조).

11.4 혈종

정상 분만에서도 발생될 수 있는데, 보통 서투른 산과 처치와 관련된다. 혈종이 크고 송아지의 만출 전에 존재한다면 폐색과 난산을 초래할 수 있으며, 그러한 경우 피하 주사바늘을 이용하여 무균적인 배액이 요구된다. 송아지의 출산 이후에 존재한다면 배액이 실시되지 않아야 한다. 배액의 결과로서 때때로 농양이 발생한다.

11.5 말초신경의 손상

심한 질의 타박상이 자주 골반 내 말초 신경에 대한 손상과 관련되는데, 견인 중 송아지의 골격의 압박에 의해 말초 신경 손상이 일어나게 된다. 일측성 또는 양측성 신경 손상이 있을 수 있다.

- 폐쇄신경마비: 폐쇄신경은 후지의 내향근에 분포하고 있다. 마비가 양측성일 경우 횡와한 소가 일어서는 것이 어려울 수 있다. 기립 및 보행할 때 사지는 벌어져 소의 다리가 벌어지는 자세가 되며, 대퇴골경 부분의 골절과 원인대의 파열 또는 둔부 탈구의 위험성이 있다.
  치료는 적절한 간호, 두꺼운 깔짚 및 후지의 외전을 방지하기 위해 묶어 두는 것이 필요하다. 일반적으로 시간이 지나야 회복이 된다.
- 둔부신경마비: 둔부신경은 골반과 후지를 둘러싸고 있는 근육에 분포하고 있다. 횡와했던 소가 기립하고 체중을 지지하는데 큰 어려움을 겪고 있음을 발견할 수 있다.
  치료는 위에서 기술한 바와 같이 적절한 간호를 요한다. 다른 손상이나 경련을 예방하기 위하여 공기 침대 혹은 'Bagshaw' hoist(감아올리는 기구)로 소를 규칙적으로 들어 올린다.

11.6 자궁 열상

자궁 열상은 정상적인 분만 혹은 처치를 실시한 난산 중에 발생할 수 있다. 이 때 음문으로부터 상당한 출혈이 있을 수 있다.

봉합하기가 쉽지 않으며, 자궁 수복이 열상의 크기를 감소시키므로 옥시토신을 투여할 수 있다.

예후는 열상 부위와 송아지가 생존해 있는지 혹은 폐사 및 부패가 있는 지에 달려 있다. 열상이 등쪽에 있고 송아지가 생존해 있으면 예후는 양호하다. 그러나 열상이 배 쪽에 있고 송아지가 부패되어 있으면 예후는 좋지 않으며, 소는 도축되어야 한다.

자궁 열상은 번식력에 장기간 영향을 미치며, 불임증을 초래할 수 있다.

11.7 자궁탈

자궁탈의 구어적인 용어는 송아지-침대를 쏟아내는 것('casting the calf-bed')이다. 탈출증은 분만의 약 0.5%에서 발생한다.

대부분은 분만 4~6시간 이내에 발생하나 간혹 36~48시간에도 발생한다. 소는 빈번하게 횡와하며, 견인 추출에 의해 구조된 난산의 병력을 가진다. 후산정체로 오진하지 않는다면 진단에 거의 문제가 되지 않는다.

자궁탈을 일으키게 되는 소인은 다음과 같다.

- 모축의 나이: 탈출증은 고령의 젖소에서 가장 흔하다.
- 저칼슘혈증: 유열 및 횡와의 임상 증상이 있거나 없을 수 있음
- 난산: 특히 육우 미경산우의 견인 추출 후
- 분만 전 질탈: 이 상태와 어느 정도 관계가 있다.
- 후산정체

자궁탈의 발생 기전에 대해서는 정확하게 알려져 있지 않으나 아래와 같이 추정된다.

- 태반과 부착되어 있는 이완된 자궁각 선단부가 안쪽으로 말리게(함입) 된다.
- 이것이 자궁 수축을 촉진시키게 되며 함입을 악화시킨다.
- 일단 자궁이 골반까지 도달하게 되면 노책을 자극하며 자궁은 완전하게 외번이 일어나게 된다.

치료: 탈출증이 발견되는 즉시 관리인은 소의 상태를 호전시켜 주기 위해 다음과 같이 조치를 취할 수 있다.

- 다른 소를 이동시키거나 자궁탈이 있는 소를 격리시켜 다른 소들이 코를 가까이 대는 것과 탈출 장기를 밟아 버리는 것에 의한 외상을 방지할 수 있다.
- 젖은 타올 혹은 시트로 장기를 덮고, 가능하다면 수동정맥울혈을 방지하거나 감소시키기 위해 탈출 자궁을 질의 높이보다 높게 지탱해 준다.
- 목장에 도착 시 신속하게 소의 전반적인 건강상태를 검사한다. 특히 출혈의 확인을 위하여 맥박과 점막을 검사해야 한다. 만약 소에 저칼슘혈증이 심하다면 calcium borogluconate로 치료하며, 가벼운 상태이면 탈출증이 정복될 때까지 치료하지 않고 그대로 둔다.

- 소가 횡와할 경우, 흉골과 양 후지를 뒤쪽으로 신장하도록 해주며, 미추경막외마취를 실시한다.
- 소가 기립해 있다면 두 명의 보조자의 도움으로 양쪽에서 타올이나 시트를 이용하여 자궁을 음문의 높이 위로 지탱해 준다.
- 생리식염수나 온수(소독제 사용 않음)로 자궁을 깨끗하게 씻어 준다.
- 열상이 있는 지를 확인한다. 만약 열상이 존재하면 흡수성 봉합사로 봉합한다.
- 후산이 자궁소구에 부착되어 있고 쉽게 분리될 경우, 후산을 제거한다. 만약 그렇지 않을 경우 매달린 부분을 잘라내고 부착된 부분은 그대로 둔다.
- 손바닥 혹은 주먹을 이용하여 강하지만 부드럽게 탈출된 장기를 음문 근처 부위부터 시작하여 정복을 시작한다(그림 11.3). 이 과정은 탈출 장기가 많이 정복될수록 더욱 어렵게 된다. 마지막 부분이 가장 어려우며, 음문을 당겨 개장시켜 주는 보조자를 요한다.
- 일단 장기가 음문을 통하여 들어가게 되면 그것을 앞쪽으로 그리고 배 쪽으로 밀어서 탈출증이 완전히 정복되었는지, 자궁이 정상적으로 되돌아갔는지를 확인해야 한다. 이것은 펌프사용 자세로서 주먹과 팔을 이용하는 것이 도움이 된다. 음료수병을 움켜쥐고 삽입함으로써 팔 길이를 연장시킬 수 있다. 다른 방법으로는 장기를 외번시키기 위하여 몇 리터의 생리식염수를 주입할 수 있으며, 그것을 나중에 사이펀으로 제거할 수 있다.
- Calcium borogluconate, 옥시토신 50IU 및 전신성 광범위 항생제를 주사한다.
- 음문 주위 조직 내로 삽입되는 나일론 테이프로 두 번의 매트리스 봉합을 하여 음문을 폐쇄한다.

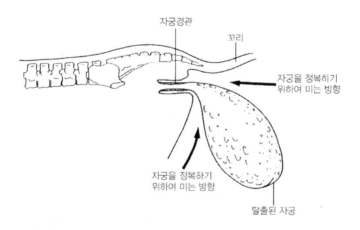

그림 11.3. 탈출된 자궁의 정복 방법

- 12~24시간 이내 소를 재검사하고 음문봉합을 제거하며, 질을 촉진하여 자궁이 재탈출되지 않았는지와 자궁경관에 부분적인 협착이 있었는지를 확인한다.
- 탈출증이 정복되지 않는다면 마지막 처치 방법으로 자궁절제술을 실시하거나 차라리 그 소를 도태한다.

예후: 정복의 용이성 및 예후는 자궁이 탈출된 기간 및 손상 정도와 후산이 쉽게 제거될 수 있는지에 달려있다. 모든 소에서 심한 정도는 다르지만 자궁염을 일으키게 된다.

분만 후 수태간격이 연장되며 일부의 소는 불임이 된다.

11.8 급성 자궁염

급성 자궁염은 대부분의 소에서 분만 1주일 이내에 발생하지만 분만 후 다양한 기간에 발생할 수 있다.

죽은 태아나 부패 태아를 조작했거나 견인을 실시했던 난산, 후산정체 혹은 자궁탈의 병력이 있는 소에서 발생한다. 소는 식욕의 소실, 산유량의 감소, 무기력, 둔함을 동반하여 아프게 된다. 주기적으로 노책을 할 수 있으며, 특히 질염이 동시에 발생하거나 혈액장액성의 악취 있는 분비물이 있는 경우 노책을 하게 된다.

임상 검사는 발열 및 맥박과 호흡수의 증가를 보여준다. 유방염과 폐렴은 반드시 배제되어야 한다. 급성기에는 질 검사를 실시하면 안 된다. 직장검사에 의해 자궁 수복이 불량한 것을 확인할 수 있다.

치료: 소가 노책하는 것을 방지하기 위하여 미추경막외마취를 실시한다. 광범위전신항생제, 지지수액요법 및 적절한 간호가 요구된다.

예후는 경계해야 한다. 일부의 소는 독혈증으로 폐사하게 되며, 다른 소들은 24시간 이내에 전신 건강상태가 회복된다. 후자일 경우 질 검사가 실시될 수 있으며, 자궁은 5~10리터의 생리식염수로 세척한다. 자궁염의 대부분은 만성자궁내막염으로 진행된다.

11.9 만성 자궁내막염

엄밀히 말하면 이것은 자궁내막의 염증을 의미한다. 그러나 자궁벽의 심부가 포함되었는지를 확인하는 것은 어렵다.

병력: 만성자궁내막염은 보통 분만 몇 주 후 점액농성 음문 분비물이 있어 격리된 개체 소들(이들 중 어떤 소는 급성 자궁염에 이환된 후 회복되었음)에서 발견된다. 대부분은 후산정체 외에 다른 명백한 산후 합병증이 없으나 백색 질분비물을 보인다. 어떤 목장에서는 상당히 많은 수의 소들이 수 년 동안 감염될 수 있다.

임상 검사: 병적 건강상태를 보이지 않으며, 식욕과 산유량이 정상이다. 질검사 소견상 진한 농에서 농성물질의 조각을 포함하는 연한 점액까지 다양한 경도의 점액 농성분비물과 다양한 양의 질 분비물의 존재를 확인할 수 있다. 직장검사 시 대부분의 경우 자궁은 정상 수복 자궁에 비해 약간 크며, 부종성 혹은 밀가루 반죽과 같은 느낌을 느끼게 된다. 어떤 경우에는 농으로 팽대되어 있을 수 있다(자궁축농증). 난소는 주기성 활동의 증상을 보이거나 보이지 않을 수도 있다.

원인: 만성 자궁내막염은 급성자궁염으로부터 초래될 수 있다. 대부분의 경우는 분만 후 소에서 발생되는 자궁의 세균감염에 대한 제거 실패로서 발생된다. 이러한 세균 감염 제거의 실패는 다음의 원인에 의해 기인될 수 있다.

● 자연 방어기전을 능가하는 과도한 세균 오염
● 후산정체
● 불량한 자궁수복
● 방어기전의 결핍: 대식세포 활동 및 면역계
● 발정 재귀 지연 혹은 분만 후 조기 발정 재귀
● 조직 손상
● 세균총의 특성: *Actinomyces pyogenes* 및 그람음성 혐기성균, 특히 bacteroides 속의 역할이 주목되어야 한다.

치료: 여러 치료에 대한 확실한 평가가 이루어지지 않았으나 다음과 같은 방법이 사용된다.

● 난소에서 황체가 촉지 되면, $PGF_2\alpha$ 혹은 유사체로 황체를 용해시키며 발정재귀를 촉진하여 황체기를 단축시킨다. 이 과정은 생식관이 감염을 제거하는 능력을 증가시킨다.
● 황체가 촉지되지 않으면, 3mg oestradiol benzoate 근육주사가 지시된다.
● 옥시테트라사이클린과 같은 광범위항생제의 자궁 내 주입: 이 경우 납유가 중지되어야 한다.
● 옥시테트라사이클린과 같은 광범위항생제의 근육주사: 납유가 중지되어야 한다.

번식력에 대한 영향: 자궁내막염은 분만 후 수태 간격을 연장시켜 번식력을 저하시킨다. 어떤 소들은 관상생식기의 회복 불가능한 변화로 영구 불임증이 된다. 임상증상이 없는 자궁내막염은 번식력에 큰 영향을 미치지 않는다.

11.10 자궁축농증

자궁축농증은 자궁 내에 농의 축적을 의미한다.

병력: 발정이 관찰되지 않으며, 간헐적인 백색 질 분비물의 병력이 있다.

임상 검사에서 약간의 점액 농성 분비물이 질에 존재하는 것을 확인할 수 있다. 직장 검사에서 팽대된 자궁을 촉진할 수 있는데 임신 자궁과 구별되어야 하며, 한쪽 난소에서 황체를 촉진할 수 있다.

치료: $PGF_2\alpha$ 혹은 유사체 투여는 황체를 용해시키고, 소의 발정을 유도하며 감염을 제거한다.

제12장 번식의 조절

12.1 쌍태유기와 다배란

발정 후 정상적으로 한 개의 난포가 배란되며, 하나의 난자가 나오게 된다. 쌍태의 발생률은 약 1~2%이며, 삼태의 발생률은 약 0.013%이다.

플러싱에 의한 영양수준 증급이 배란률을 증가시키지 않으며, 배란률 증가는 아래의 방법에 의해 얻어질 수 있다.

● 유전적 선발: 그렇게 성공적이지 못하다.
● 외인성의 생식샘자극호르몬의 사용: 반응을 예측할 수 없다.

수정란이식 기술이 쌍태를 생산하는데 이용되어질 수 있다.

쌍태유기 후 문제점

쌍태 송아지의 결과로서 다음과 같은 문제가 발생할 수 있다.

● 후산정체 발생의 증가
● 송아지 폐사 증가를 동반한 난산
● 산유량 감소
● 모축의 번식율 감소
● 프리마틴 송아지

이러한 문제 중 일부는 모축이 쌍태 임신임을 미리 알게 되면 극복될 수 있다. 따라서 부가적인 사료급여 조치가 취해질 수 있으며, 분만 시기에 보다 많은 주의가 기울여질 수 있다.

12.2 수정란이식

수정란이식은 공란우의 생식기로부터 수정란을 채취하여 수란우의 생식기에 이식하는 기술이며, 수란축에서 임신이 완료된다.

수정란이식의 적용

공란우의 과배란처리와 병행하여 수정란이식 기술은 아래와 같이 적용할 수 있다.

● 유전적으로 우수한 암소로부터 산자수의 증가
● 후대검정 속도 증가
● 성성숙 전 미경산우의 과배란 및 성숙 수란우에 수정란의 이식에 의한 세대 간격의 단축으로 유전적인 선발의 속도를 증가시킬 수 있다.
● 수정란을 국가간 이동시킴으로서 질병 전파 및 검역의 문제점 극복. 하지만 수정란의 이동으로 전파 위험 가능성이 있는 질병, 특히 바이러스성 질병의 전파는 반드시 예방책이 강구되어야 한다.
● 쌍태의 유기
● 정상적인 임신을 지속할 수 없는 불임소에서 수정란이 채취될 수 있다.
● 수정란이식은 연구의 수단으로서 이용될 수 있다.

성공적인 수정란이식을 위한 필요조건

적당한 공란우로부터 수정란의 공급: 한 개의 수정란이 채취되어 이식될 수도 있으나, 과배란이 유도될 때는 다수의 수정란을 채취 후 이식될 수 있다.

● 채취된 수정란의 이식을 위하여 공란우와 발정주기가 동기화된 충분한 수의 수란우
● 수정란의 동결보존을 위한 장비

수정란이식의 관리

영국에서 소 수정란이식은 소수정란(채취, 생산 및 이식) 규정 1995 및 수의 외과(경막외마취) 규칙 1992에 의해 관리된다. 이 법률을 근간으로 수정란이식을 공란우와 수란우의 위생과 복지에 손상 없이 효과적으로 실시할 수 있다. 수정란이식과 관련된 수의사가 수정란의 채취팀을 이끈다면 법률에 정통하고, 충분한 경험이 있어야 한다.

공란우의 선발

● 공란우는 높은 유전 능력을 가지거나 불임우일 수 있기 때문에 공란우는 소유자에 의해 선발된다.
● 최종 분만일로부터 최소한 2개월이 경과되어야 한다.
● 공란우는 정상적인 생식기 구조 및 기능을 가져야 한다.

수란우의 선발

● 미경산우 또는 어린 소
● 수란우는 정상적인 생식기 구조 및 기능을 가져야 한다.

- 최종 분만일로부터 최소한 2개월이 경과되어야 한다.
- 이식되는 수정란의 품종과 종류를 고려하여 적당한 크기로 성숙된 수란우이어야 한다. 이렇게 선발된 수란우는 송아지를 분만 시까지 임신을 유지하여 자연분만을 할 것이다.

과배란처리 호르몬

다수의 과배란성 생식샘자극호르몬이 수정란이식에 사용되고 있다.

- 말융모성생식샘자극호르몬(eCG)은 가격이 저렴하나, 소의 FSH에 비해 긴 반감기를 가지므로 과도한 반응에 의한 불량한 수정란의 회수 및 이 후의 난소 활동 이상을 초래한다. eCG 항혈청과 함께 사용함으로서 보다 양호한 결과가 얻어진다.
- 폐경여성생식샘자극호르몬(hMG)
- 돼지뇌하수체제제(pFSH): 이 제제는 정제되어 일정한 FSH 농도를 가지나 LH 농도는 낮다.
- 양뇌하수체제제
- 말뇌하수체제제
- 재조합 소 FSH(bFSH)

공란우의 준비와 과배란처리

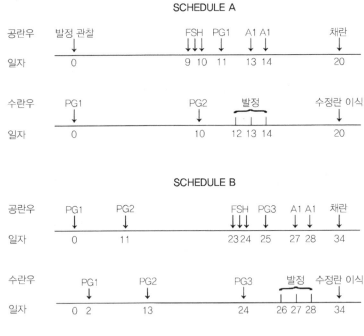

그림 12.1. 수정란이식을 위한 공란우와 수란우의 처리 방법

공란우의 과배란 유기를 위해 사용되는 방법에는 다양한 유형이 있다. 이것은 사용되는 과배란처리 제제에 달려 있는데, 예를 들면 eCG는 1회의 주사를 요하는 반면 hMG 혹은 뇌하수체 유래 FSH제제는 반복 주사를 요한다. 이 외에도 수정란이식에 포함되었던 공란우들은 이전의 경험으로부터 얻은 그들 개체에 유용한 방법이 있다. 그러나 프로토콜을 정확하게 지키는 것이 중요하다.

● 공란우의 발정을 관찰하여 날짜를 기록하거나(schedule A) 11일 간격으로 PGF₂α를 2회 주사한다(PG1 및 PG2, schedule B). PG2 후 2~3일에 보통 발정이 관찰된다(그림 12.1). 발정을 확인하고 기록한다.

● 과배란처리 용량의 pFSH를 발정 관찰 후 9~13일(schedule A) 혹은 PG2 투여 후 12~16일(schedule B)에 3일간 주사한다. eCG를 사용하면 단 1회 투여한다.

● 첫 번째 FSH(혹은 eCG) 주사 후 48시간에 PG1(schedule A) 혹은 PG3(schedule B)를 투여한다. 공란우는 2일 후에 발정이 발현되어야 한다. 발정을 관찰하고 기록한다.

● 공란우는 발정 중 수정을 시켜야 하며, 12시간 후 재수정 시킨다. 수정을 시키는 방법에는 여러 가지 차이가 있는데, 특히 인공수정 횟수 및 시기가 포함된다.

● 첫 번째 인공수정 후 7~8일에 수정란을 회수한다.

● 공란우로부터 수정란을 채란한 뒤 28일 이내 발정이 재귀되지 않으면, 여러 개의 수정란에 의한 임신의 가능성을 방지하기 위하여 PGF₂α를 투여해야 한다.

수란우의 준비

최상의 결과를 얻기 위하여 수란우의 발정주기는 공란우와 정확하게 동기화되어야 한다. 1일 이상의 동기화 차이는 임신율을 감소시킨다. 만약 수정란을 동결시키지 못 할 경우에는 공란우 당 최소한 12두의 수란우가 준비되어야 한다.

두 가지의 일정이 가능하다.

● 공란우 처리를 위해 Schedule A를 사용한다면(그림 12.1), 수란우들은 day 0에 PG1을 주사하며, 10일 후에 PG2를 주사한다.

● 공란우 처리를 위해 Schedule B를 사용한다면, 각 수란우들에게 day 2에 PG1, day 13에 PG2, day 24에 PG3(공란우에 PG3를 주사하기 16~24 시간 전)를 주사하여야 한다. 공란우에서 FSH 혹은 eCG 처리 후 황체 용해의 반응이 더 빨라진다.

● Days 12, 13 및 14(schedule A) 또는 days 26, 27 및 28(schedule B)에 발정을 관찰하며, 기록한다. Day 20(schedule A) 혹은 34(schedule B)에 수란우에 수정란이식을 실시한다.

● 다른 발정동기화법 이용: progesterone-intravaginal devices(PRID 및 CIDR, 1.12 참조)를 질 내에 삽입하고, 제거 전 혹은 제거 시에 PGF₂α 투여

수정란의 채취

처음에는 전신마취 하에서 정중선 개복술을 통하여 수정란을 외과적으로 회수하였다.

이러한 외과적 기술은 비외과적 방법으로 대체되었다. 수정란의 발육 단계가 후기 상실배 혹은 초기 배반포인 day 6 혹은 7(배란: day 0)에 채취한다.

● 공란우를 채란 보정틀에 적절하게 보정한다.
● 미추경막외마취를 실시한다. 진정이 필요할 수 있다. 연축억제제 및 β_2 모방제가 사용될 수 있다.
● 직장으로부터 분변을 제거한다.
● 음문과 회음부를 청결하게 하여 가능한 모든 절차가 무균적으로 실시되도록 한다.
● 과배란처리된 공란우의 자궁각으로부터 수정란을 채란하는 방법에는 기본적으로 두 가지 방법에 의한다. 한 가지는 스리-웨이 폴리카테터법(그림 12.2)이며, 다른 하나는 투-웨이 폴리카테터법(그림 12.3)이다.
● 스리-웨이 카테터는 질경과 유도자가 있는 자궁경관 확장기(그림 12.4 및 12.5)를 이용하여 자궁 내로 삽입한다. 투-웨이 폴리카테터는 내심을 카테터에 고정시킨 후 전통적인 인공수정 기술을 이용하여 삽입한다.
● 카테터 앞부분에 있는 풍선 모양의 커프스는 자궁각의 내강을 폐색하기 위하여 공기로 부풀린다.
● 체온 정도로 가온된 300㎖의 채란용 배지를 50㎖ 주사기를 이용하여 주입한다. 주입된 채란액은 50~100㎖ 분량으로 회수된다. 직장을 통하여 자궁각을 부드럽게 압박하여 수정란이 이동되도록 한다.
● 대부분의 채란액이 회수되었을 때, 커프스로부터 공기를 빼며 카테터를 제거한다. 두 번째의 무균 폴리카테터를 반대쪽 자궁각으로 삽입하며, 이 과정이 반복된다.

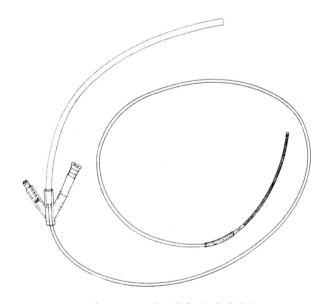

그림 12.2. 스리-웨이 폴리카테터

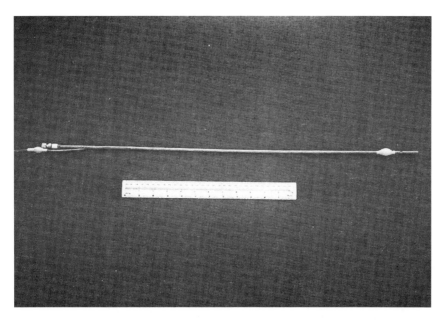

그림 12.3. 수정란 회수를 위한 내심이 삽입된 투-웨이 폴리카테터

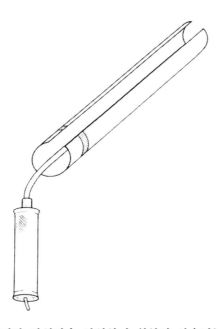

그림 12.4. 자궁경관 삽입관을 삽입하기 위하여 사용되는 원통형의 질경

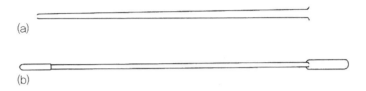

그림 12.5. 스리-웨이 폴리카테터를 이용하여 비외과적 수정란 회수를 위하여 사용되는 자궁경관 삽입관(a) 및 트로카(b)

수정란의 회수

- 수정란을 회수한 용기는 30분간 정치해 둔다. 대부분의 액체는 제거하고 20~30㎖만 남겨둔다. 이 때 회수 접시에서 저배율의 현미경을 이용하여 수정란을 찾아낸다.
- 각각의 수정란은 파스퇴르피펫으로 조심스럽게 흡인하여 평가를 위한 신선한 채란배지로 옮긴다.
- 수정란은 발육단계가 다소 다를 수 있다. 수정란의 평가는 형태적인 모양에 의하며 전문적인 평가를 요한다. 질적인 평가는 정상적인 송아지의 발육 가능성의 기준이 된다.
- 수정란은 채란 배지에서 약 7시간 생존할 수 있다. 수정란의 성상에 의심이 있다면 소 태아 혈청에서 약 12시간 배양하여 재평가할 수 있다.

수정란이식

외과적 또는 비외과적 두 가지 방법이 이용된다. 수란우의 복지와 관련하여 외과적 이식 방법이 비외과적 이식 방법으로 대체되었다.

- 외과적 이식: 척추측마취 하에서 개복술을 통해 무균적으로 이식한다. 수정란은 0.5㎖ 채란 배지와 함께 파스퇴르피펫으로 흡인하여, 황체가 인접한 자궁각 내로 배지와 함께 이식한다. 자궁벽에 작은 구멍을 내기 위하여 무딘 16G 바늘을 사용한다.

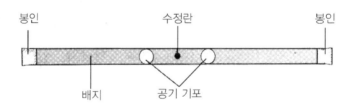

그림 12.6. 비외과적 이식 전 스트로 내에 수정란을 주입하는 방법

● 비외과적 이식: 약간 변형된 카수 인공수정 피펫(Cassou AI pipette)을 이용하여 실시한다. 각 수정란은 적은 양의 채란 배지와 함께 수정란의 확인에 도움을 주기 위하여 양쪽에 작은 공기 기포와 함께 스트로에 흡인한다(그림 12.6). 황체의 존재를 확인하기 위하여 난소를 부드럽게 촉지한다.

　스트로를 카수피펫에 장착한다. 수란우를 미추경막외마취 하에서 보정한다. 음문과 회음을 깨끗하게 세척한다. 피펫을 외자궁구 내로 삽입하며, 인공수정 절차에 따라 부드럽게 삽입한다. 황체가 존재하고 있는 자궁각을 따라 조심스럽게 진행하며, 수정란을 배출하기 위하여 플런저를 점진적으로 민다. 피펫을 조심스럽게 제거한다.

　생식기의 촉진은 가능한 한 최소화되어야 하며, 청결에 엄격한 주의를 기울여야 한다. 수란우의 황체의 질은 직장검사 혹은 초음파검사 및 프로게스테론 농도를 측정하여 평가한다.

12.3 수정란의 동결과 보관

수정란은 동결보호제로서 글리세롤을 이용하여 액체질소에 보관한다. 최근 에틸글리콜이 효과적이라는 연구가 있다. 동결 및 보존을 위하여 0.25 및 0.5㎖ 플라스틱 스트로가 보통 이용된다. 임신율은 신선 수정란을 이용할 때만큼 좋지 않다.

12.4 수정란의 미세조작

공란우로부터 채란된 상실배 혹은 초기 배반포를 2분함으로써 일란성쌍둥이를 생산하였다. 이 과정은 현미경하에서 미세 조작하였으며, 이분된 수정란을 동기화된 수란우에 이식함으로써 성공적인 임신이 이루어졌다.

12.5 난자의 체외성숙과 체외수정

도축장으로부터 회수된 난소에서 직경 2~5㎜ 난포로부터 흡인된 미성숙 난자는 값이 싼 수정란을 생산하는 공급원으로 이용하고 있다. 최근에는 유전적으로 우수한 암소에서 질을 통한 초음파영상 유도로 난자를 흡인하고 있다. 빈번한 흡입을 실시해도 회수 시마다 평균 9개의 난자를 회수할 수 있다.

　회수된 난자는 발정 소의 혈청을 포함하는 배지에서 약 24시간 배양하며, 성숙 후 수정능이 획득된 정자와 함께 배양한다. 수정된 난자는 동결 또는 수란우에 이식 단계인 상실배 혹은 초기 배반포 단계에 달하기까지 계속 배양한다.

수컷(The male)

제**2**부

수컷의 생식 제13장

13.1 생식기 해부

생식기계의 주된 3가지 구성요소는 다음과 같다.

- 고환
- 부속 기관, 즉 부고환, 정관, 정낭샘, 전립샘 및 요도구샘
- 음경

수컷의 생식기계는 그림 13.1에 도표로 기술되어 있다.

고환 - 구조와 기능

고환은 태아기를 통하여 복부의 중간 부위로부터 내려간다. 성숙한 수소에서 고환의 크기는 약 13 × 7 × 7cm, 난원형이며 중량은 약 350g으로 대체로 비슷하다. 고환은 질긴 결합조직피막인 백색막 내에 둘러싸여 있는데, 이것은 장력 하에서 고환조직을 지지해주며, 고환의 촉진 시 특징적인 느낌 즉, 파동감을 느끼게 한다.

고환은 정자 생산이 일어나는 회선상의 많은 정세관, 리이디히세포를 포함하는 간질조직으로 구성된다. 정세관은 기저막, 정자를 발생시키는 배아세포 및 세관액, 피루브산염, 젖산염, 인히빈, 에스트로겐 및 단백질을 분비하는 등 많은 기능을 가지는 지지세포로 구성되어 있다(그림 13.2). 세포분열이 발생되고 여러 유형의 생식세포가 기저막 근처에서 정조세포로부터 제 1차 및 2차 정모세포 그리고 정자세포를 거쳐 정자로 변화하며, 이것이 세관의 중심강 내에 존재한다(그림 13.2). 수소에서 약 54일이 소요되는 정자발생 과정 중, 염색체 수는 정상의 반으로 감소된다.

리이디히세포는 테스토스테론을 생산하여 내분비 기능만을 가지는 것으로 여겨진다.

내분비 기능

FSH는 지지세포에 대한 작용으로 주로 정자발생을 조절하며, 지지세포에서 피루브산염과

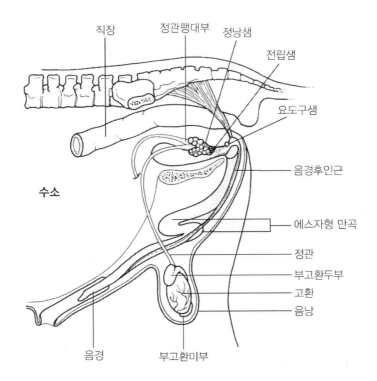

직장 정관팽대부 정낭샘 전립샘 요도구샘 음경후인근 에스자형 만곡 정관 부고환두부 고환 음낭 수소 음경 부고환미부

그림 13.1. 수소의 생식기계(출처: Ashdown, R. & Hancock, J.L. (1980) Reproduction in Farm Animals, 4th edn, (ed. E.S.E. Hafez). Lea & Febiger, Philadelphia.)

젖산염의 분비를 촉진시키는데, 이 두 가지는 생식샘상피세포를 위한 에너지원 및 안드로겐결합단백으로서 필요한 것으로 여겨진다. 후자 물질은 정세관 및 부고환세관에서 고농도의 안드로겐을 유지하게 한다. FSH는 역시 지지세포를 자극하여 테스토스테론을 에스트로겐으로 전환시킨다.

LH는 정자발생의 조절에 중요한 영향을 미칠 뿐만 아니라 리이디히세포로부터 테스토스테론의 분비를 자극한다. 테스토스테론은 성욕, 이차성징 및 부생식샘 기능을 담당한다.

FSH의 분비는 생식스테로이드호르몬 및 인히빈의 음성 피드백 효과에 의해 조절되며, LH는 테스토스테론에 의해 조절된다.

부고환

부고환은 약 30m 길이의 회선상의 관으로 각 고환의 표면에 밀착되어 있으며, 두부, 체부 및 미부로 구성되어 있다(그림 13.1). 정자는 액체에 부유되어 정세관을 따라 고환망 및 수출관을 통하여 부고환의 두부까지 운반된다. 부고환의 두부에 있는 정자는 운동성이 없으며 수정 능력이 없다. 그러나 그들이 미부를 향하여 진행하면 비록 사정 시까지 나타내 보이지 않더라도 운동성과 수정 능력을 가지게 된다. 정자는 거기에서

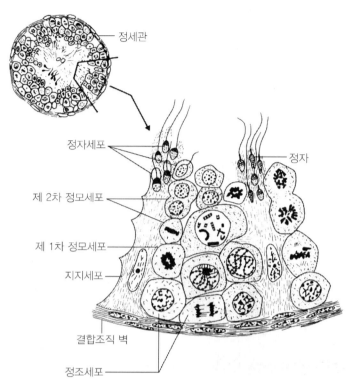

정세관
정자세포
정자
제 2차 정모세포
제 1차 정모세포
지지세포
결합조직 벽
정조세포

그림 13.2. 세포층을 나타내는 정세관의 미세구조(출처: Hunter, R.F.H. (1980) Reproduction in Farm Animals, 4th edn, (ed. E.S.E. Hafez). Lea & Febiger, Philadelphia.)

약 8~11일간 머물게 된다. 부고환은 정자에 대해 다음의 역할을 한다.

● 정자의 농축
● 정자의 성숙
● 정자의 저장

정관과 정관팽대부

정관과 정관팽대부는 정자가 부고환 미부에서 요도까지 통과하게 한다. 정관팽대부도 역시 저장소로서 역할을 한다.

전립샘

전립샘은 분비물을 생산하는 칼라모양(collar-like) 구조이다. 수소에서 전립샘의 질병은 드물다.

정낭샘

이것은 한 쌍이고 치밀하며, 소엽의 플라스크 모양의 샘으로서 길이는 약 12㎝, 폭 5

㎝, 두께 3㎝ 이고, 요도 근처의 골반에 위치하고 있다(그림 13.1). 과당이 풍부한 분비물을 생산한다. 정낭샘은 감염의 장소가 될 수 있다.

요도구샘

요도구샘은 촉진되지 않는 한 쌍의 샘이며, 교배 전 포피분비물의 공급원으로 간주된다.

음경

수소는 에스자형 만곡의 섬유탄력형의 음경을 가지고 있다. 음경은 발기 시 만곡이 펴지게 되어 일직선으로 되며, 길이에 있어 약간 증가가 있다.

발기는 두 개의 음경해면체와 요도해면체의 충혈에 의한다(그림 13.3). 처음에는 음경해면체에 동맥혈 공급의 증가가 있으며 이어 음경해면체의 원위의 폐쇄 공간내로 혈액이 채워지고, 이와 동시에 음경해면체로부터 정맥혈의 배액을 폐색하는 좌골해면체근의 율동적인 수축이 있다. 이 때 음경해면체에 정상적인 동맥혈압의 100배의 거대한 증가가 있어, 이것이 에스자형 만곡을 일직선이 되게 하며 발기를 일으킨다.

일단 좌골해면체근이 수축을 중단하면 발기감퇴가 발생되고 에스자형 만곡 형태로 복구된다.

13.2 성성숙

성성숙은 수소가 교미 욕구(성욕), 교미 능력 및 수정 능력을 나타내는 시기이다. 수소는 생후 몇 개월이 지나면 자주 승가하며, 명백하게 성욕을 보이게 되나 정자 생산 능력은

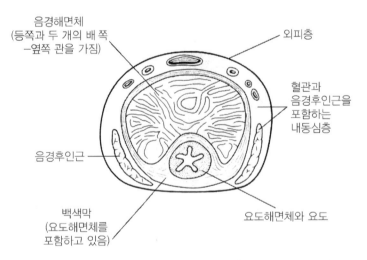

그림 13.3. 혈관협착을 나타내는 수소 음경 횡단면(출처: Cox, J.E. (1987) *Surgery of the Reproductive Tract of large Animals.* Liverpool University Press, Liverpool.)

없다. 성성숙이 서서히 진행되어 9~10개월령이 되면 나타난다. 성성숙은 주로 수소가 일정 연령 및 체중에 도달되느냐에 달려있다. 성성숙의 개시 시기는 다음의 요인에 영양을 받는다.

● 수소의 품종: 성성숙은 육우에 비해 젖소에서 약간 빠르다. 품종 내에서도 역시 차이가 있다.
● 체중, 성장율 및 영양 수준
● 환경

성성숙이 9~10개월령에 일어나나 완전한 성적 성숙은 품종에 따라 2~3세까지도 도달되지 않는다.

13.3 교배행동

교미행동은 상대적으로 단시간에 이루어진다. 수소는 발정기에 있는 암소의 음문을 핥거나 냄새를 맡고, 둔부에 턱을 올려놓은 후 교배행동을 받아들이는지 확인한다. 발기는 승가 전에 포피에서 음경의 움직임으로 확인할 수 있으며, 이 때 보통 포피 분비물이 떨어지게 된다. 수소가 승가하면 음경이 돌출되고 음문을 인지하여 삽입이 이루어진다.

사정은 항상 골반의 격렬하고 공격적인 움직임과 관계되며, 안정된 자세를 취할 수 있는 바닥이 요구된다. 격렬한 움직임이 없었다는 것은 사정이 일어나지 않았다는 것을 지시한다. 교미시간이 짧아 빨리 내려오며, 수소는 신속하게 수 회 암소와 교미할 수도 있다.

13.4 교배의 적합성 판정을 위한 임상 검사

수컷의 임상 검사는 수소의 구입 시 혹은 한 축군 또는 그룹 내에서 불임증의 원인이 수소가 될 수 있을 때 실시하며, 절차는 다음과 같다.

● 병력: 자세한 병력이 관련 정보와 함께 요구된다.

1. 나이와 혈통
2. 알 수 있다면, 이전의 번식력
3. 현재 목장에서 사육된 기간
4. 손상과 질병의 병력
5. 관리 방법 및 교미 과정
6. 수소를 다루는 사람의 수와 경험
7. 사육되고 있는 환경 및 환경의 변화 유무
8. 마지막 교미 후 경과 시간
9. 교미 빈도
10. 보증종모우라면, 마지막으로 송아지를 낳게 한 이후의 경과 시간
11. 번식력에 대해 의문이 있다면 문제 혹은 신체 기능 이상의 종류

- **교미 행동의 관찰**: 발정 중인 경산우 혹은 미경산우에 반응하는 수소의 행동을 정상적인 환경에서 관찰하여야 한다. 최소한 두 마리의 암컷을 이용할 수 있어야 하며, PGF$_2\alpha$ 주사 후 발정 중에 있어야 한다. 이것으로부터 그 소의 성욕이 정상적인지 혹은 교미를 할 수 없는지를 확인하는 것이 가능하다. 교미 행동의 관찰은 또한 음경의 발기가 일어나는지 시각적인 검사를 가능하게 한다.
- **임상 검사**: 일반적인 임상 검사는 보행 및 생식기계에 특별히 중점을 두어 실시하여야 한다. 생식기계를 검사하는 절차는 다음과 같다. (1) 음낭, 고환, 부고환, 정삭 및 서혜유방샘을 촉진하며, 음낭 둘레를 측정한다. (2) 에스자형 만곡, 음경 및 포피를 촉진한다. (3) 포피구멍의 크기를 평가하고, 비정상적인 분비물 혹은 병변의 존재를 확인한다. (4) 내부 생식기의 직장검사를 실시하며, 특히 정낭샘을 촉진한다.
- **정액채취**: 수소가 시정 암소에 반복적으로 교미를 하였다면, 7일 간의 성적 휴식을 취한 후 정액채취를 시도하는 것이 바람직하다. 방법은 13.5에서 기술한다.

13.5 정액채취 방법

정액채취를 위하여 다수의 방법이 이용될 수 있다.

- **질로부터 흡인**: 정액채취가 어떤 방법으로도 불가능할 경우, 수소를 자연교배를 하도록 허용하여 사정액의 일부를 질로부터 흡인할 수 있다. 양적인 평가는 실시될 수 없으나, 정자의 존재는 증명할 수 있다.
- **직장을 통한 정관팽대부의 마사지**: 매우 만족할 만한 방법은 아니다.
- **전기자극사정법**: 정액채취의 만족할 만한 방법이나 고통과 불편을 야기할 수 있으며, 이 과정을 수행하는 인력이 경험이 없거나 적절한 장비를 갖추고 있지 않다면 이 방법은 이용될 수 없다. 전기자극사정법은 반복적인 채취를 위해서는 이용되지 않아야 한다.
- **인공질**: 정액채취를 위한 가장 만족스러운 방법이다. 발정 중인 시정 암소가 제공되면 대부분의 수소는 승가를 하며 인공질 내에 사정하게 된다.

인공질은 필수적으로 라텍스고무라이너가 삽입되는 단단한 고무 실린더를 포함함으로서 물재킷을 형성한다(그림 13.4 및 13.5). 채취용기를 가지는 라텍스고무콘이 부착된다. 42~46℃의 물이 물재킷에 채워지며 라텍스라이너의 안쪽 표면은 산과젤리로 얇게 도말한다. 수소를 승가 시켜 포피를 통하여 음경을 붙잡고 인공질 내로 들어가게 한다. 수소는 즉시 격렬하게 음경을 넣어 사정하며 수소가 내려오면 정액이 튜브 내에 침전된 것을 볼 수 있다. 채취된 정액은 즉시 온도 충격 및 자외선으로부터 보호하여야 한다.

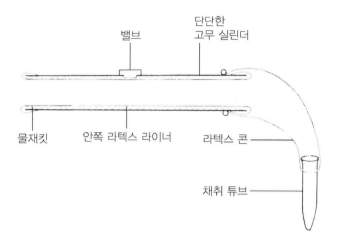

그림 13.4. 인공질

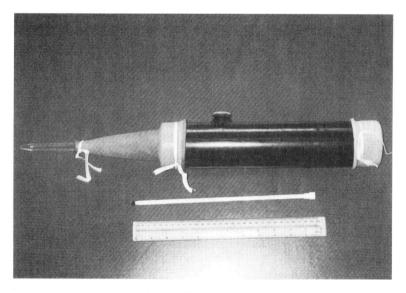

그림 13.5. 정액 채취를 위하여 조립된 인공질

13.6 정액의 조성

- 양: 6㎖(2~12㎖)
- 색: 크림양 황색에서 유백색
- 정자 농도: 12억(5~25억)/㎖
- 사정액 당 정자 수: 75억(20~150억)

13.7 정액의 평가

간단한 장비로 다음의 평가가 실시될 수 있다.

- 양: 눈금을 표시한 튜브가 이용될 경우 즉시 확인할 수 있다.
- 색: 즉시 평가하고 기록할 수 있다. 혈액의 얼룩, 분변, 요 혹은 농의 오염은 추가적인 임상 검사를 위하여 기록하여야 한다.
- 운동성: 목장에서 즉시 평가하여야 한다. 가열대 혹은 가열면을 이용한다. 정액 한 방울을 슬라이드 위에 정치하고 저배율 하에서 검사하여 활발한 파동운동을 검사한다. 운동성은 주관적으로 평가하며, 0~5 사이의 점수가 부여된다.
- 정자의 개별 운동: 이것은 가온된 희석(생리식염수) 정액 샘플을 이용하여 고배율 하에서 평가할 수 있다.
- 생존 정자의 수: 염색도말을 이용하여 평가할 수 있다. 희석 정액을 니그로신-에오신과 같은 생체염색을 실시한다. 죽었거나 죽어가는 정자는 핑크색으로 염색되며, 생존 정자는 염색되지 않으며 진한 청색 배경에 희게 보인다. 죽은 정자의 비율을 계산하며 이상적으로 15% 미만이어야 한다.
- 개별 정자의 형태적인 구조: 이것은 니그로신-에오신-염색도말을 이용하여 평가할 수 있다. 비정상적인 정자를 기록하며 비정상의 유형도 기록한다. 어떤 비정상의 경우는 채취 후 정액의 취급에 의해 유발될 수 있다. 비정상의 확인과 수소의 번식력에 대한 중요성에 대해서는 전문가의 의견을 요한다. 인공수정센터에 있는 수소는 자연교미와 비교하여 적은 수의 정자가 이용되기 때문에 매우 낮은 수의 비정상 정자, 예를 들면 20% 미만을 가져야 하지만 자연교미를 위해 사용되는 많은 불임 수소는 더 많은 비정상 정자를 가진다. 그러나 고비율의 비정상 정자의 경우는 세심한 고려가 필요하다.
- 정자 농도는 사정액의 색과 농도를 보고 개략적으로 평가할 수 있다. 정자 농도는 샘플을 희석하기 위한 적혈구용피펫과 혈구계산판(Neubaur haemocytometer)을 이용하여 측정한다.

13.8 자연교배의 빈도

2세 미만의 어린 수소는 성숙 수소에 비해 빈번하게 사용되어서는 안 된다. 어린 수소를 위해서는 1주일에 약 2~4회, 성숙 수소를 위해서는 1주일에 12회의 교미가 고려되는데 매주 실시되어서는 안 된다. 어린 수소는 약 10~15두의 경산우 혹은 미경산우를 초과해서는 안되며, 나이가 많은 수소는 약 25두까지 허용될 수 있다. 어린 수소는 경산우나 미경산우에 의해 괴롭힘을 당할 수가 있는데, 특히 수소가 활발하지 않은 경우이다.

인공수정

제**14**장

14.1 서론

인공수정은 세계적으로 많은 지역에서 광범위하게 이용되고 있는데, 특히 젖소에서 많이 이용된다. 육우에 있어서의 사용은 비록 효과적인 발정동기화법의 개발로 이러한 문제의 많은 부분이 극복되었으나 여전히 발정관찰 및 취급의 문제로 인하여 사용이 제한되고 있다.

장점

● 우수한 종모축의 광범위한 사용이 가능하다.
● 동결 시에는 수소가 죽고 난 후에도 여러 해 동안 정액이 저장될 수 있다.
● 후대검정을 필한 수소의 정액이 이용될 수 있다.
● 인공수정센터에서 수소의 조심스런 조사와 감시가 이루어질 때 성병이 통제될 수 있다.
● 위험한 젖소 수소를 사육할 필요가 없어지므로 목장의 안전이 개선된다.
● 목장에서 수소에 대한 사육 및 사료 급여의 필요성이 없어진다.

단점

● 발정관찰이 필요하며, 양호한 임신율을 얻기 위한 적기 수정이 필요하다,
● 외래품종의 정액이 미성숙 미경산우에 사용되면 난산이 발생될 수 있다.
● 제한된 수의 종모축의 광범위한 사용이 있게 되면 근친교배의 가능성이 있다.
● 수소에 대해 조심스러운 감시가 이루어지지 않을 경우 바람직하지 않은 유전 형질의 광범위한 전이의 가능성이 있다.
● 인공수정센터에서 직원에 의한 감시가 부적절할 경우 성병과 다른 중요한 전염병의 광범위한 전파의 가능성이 있다.

14.2 정액채취

정액채취를 위하여 인공질을 이용하는 것이 표준 관례이다. 수소는 시정 암소, 거세우 혹은 암컷모형에 승가하도록 훈련시킨다. 사정액의 오염을 방지하기 위하여 매우 주의해야 한다. 각 수소는 각 개체의 인공질을 가진다.

사정액의 양과 사정 정자의 수를 증가시키기 위하여 보통 채취 전에 수소를 흥분시킨다. 채취절차는 13.5에 기술되어 있다.

14.3 정액의 취급과 처리 − 일반적인 원칙

비록 질병의 전파 위험성은 있으나 신선한 원정액이 사용될 수가 있다. 영국에서는 신선정액 사용이 금지되어 있다.

실제적으로 모든 인공수정은 동결정액을 사용한다. 동결의 장점은 수소가 폐사된 뒤에도 정액이 오랫동안 보존될 수 있으며, 전 세계적으로 용이하게 수송이 될 수 있다. 또한 조심스런 검역과 취급이 이루어진다면 질병의 전파를 방지할 수 있다. 정액은 정자의 사멸을 초래할 수 있는 동결과 취급의 위험성으로부터 보호되어야 한다. 이러한 이유로 희석제 혹은 증량제가 정액에 첨가되어야 하며, 희석제는 아래와 같은 성분을 포함해야 한다.

● 영양소 기질, 보통 당이다.
● 동결 및 온도 변화로부터 정자의 손상을 방지하는 물질
● pH 및 삼투압 변화를 방지하는 완충액
● 수소로부터 전달되어 정자에 영향을 줄 수 있는 세균을 사멸시키는 항생제

희석제는 정액 제조량을 증가시키는데 수소가 한 번의 사정액에서 수정에 필요한 것보다 많은 정자를 생산하기 때문이다.

처리 절차

채취 후 신속하게 사정액의 적합성 여부를 평가하여야 한다. 사용되는 희석제는 난황 구연산액 혹은 보다 흔하게 난황, 과당, 글리세롤(동결보존을 가능하게 함)을 포함한 가열 탈지유이다.

희석제의 첨가 후, 정액은 0.25 및 0.5㎖ 용량으로 스트로에 주입한다. 이러한 스트로는 확인을 위하여 색으로 코드화가 되어 있으며, 정액의 혈통을 확인하기 위해서 색이 있는 파우더로 봉인된다. 수소와 채취일자에 대한 상세 내역이 추가로 표시된다. 현재 상업적으로 사용되는 대부분의 스트로는 0.25㎖ 희석 정액을 함유하고 있다.

충진된 스트로는 액체질소 위의 증기에서 냉각 후, -196℃의 액체질소 내로 침지된

다. 보존 용기의 액체질소 수준의 유지에 세심한 주의를 기울이면 정액의 수정능력이 거의 소실 없이 수년간 저장할 수 있다. 정액 스트로는 3리터 정도의 작은 용량의 액체질소통으로 수송할 수 있다.

일단 스트로를 융해하면 정자의 수정 능력을 심하게 손상시키지 않고는 재동결할 수 없다. 그러므로 스트로의 선택을 위해서 수정 직전에 액체질소통으로부터 신속하게 옮겨야 한다.

수정 전 융해

스트로에 있는 정액은 수정 전에 액체질소로부터 옮긴 후 융해시켜야 한다. 융해는 소에 수정시키기 전에 액체질소(-196℃)로부터 대기 온도 또는 37℃까지 점차적으로 온도를 상승시키는 것이 가장 좋은 방법이다. 스트로의 용적에 따라 37℃ 물이 들어 있는 비이커에 스트로를 7~15초 동안 담구는 것이 적당하다.

14.4 수정 기술

스트로를 유리 비이커에서 꺼내어 깨끗한 티슈로 건조시킨 후, 깨끗한 가위로 스트로의 끝부분을 절단하여 마개 부분을 제거한다. 그 후 스트로는 카수수정피펫 혹은 주입기(그림 14.1)에 넣는다.

정액을 암소의 자궁에 주입하는 절차는 다음과 같다.

● 경산우 또는 미경산우가 앞, 뒤, 옆으로 움직이는 것을 방지하기 위하여 적절히 보정시켜야 한다. 보조자가 꼬리를 잡아주는 것이 좋다.
● 주입기를 수정자의 이로서 부드럽게 물고, 수정자가 오른손잡이면 왼손은 직장을 통하여 자궁경관에 도달한다. 많은 양의 분변이 직장 내 존재하면 배변을 촉진시키거나 분변을 제거한다.
● 음문은 마른 종이 타올로 청결하게 닦아낸다.
● 팔을 부드럽게 아래쪽으로 밀어 음문을 약간 압착하면 음문이 부분적으로 열리게 된다.
● 주입기의 끝을 앞쪽, 등쪽 방향으로 약 45°각도로 부드럽게 삽입하여 음문 내와 질벽을 따라 삽입한다. 때때로 처녀막잔존증이 주입기의 진행을 방해할 수 있는데 경관을 앞쪽으로 신장시키는 것이 도움을 준다.
● 일단 끝부분이 질원개에 도달하면 자궁경관은 왼손으로 단단하게 감싸 쥐고 주입기의 끝을 외자궁구에 맞춘다.

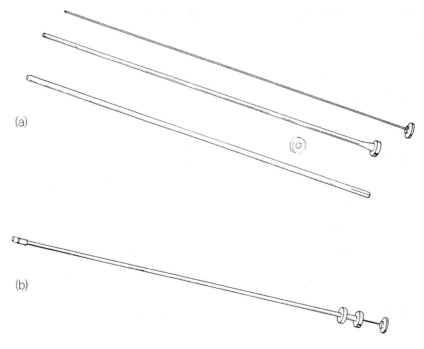

그림 14.1. 카수수정피펫의 분리(a) 및 조립된 모양(b)

- 일단 외자궁구에 도달하면 자궁경관을 당길 수 있으며, 자궁경관을 통하여 주입기를 밀어 넣는 것과 자궁경관을 당기는 것의 협동작용에 의해 통과시킨다. 때때로 끝부분이 자궁경관주름에 충돌될 때, 주입기를 약간 후퇴한 후 방향을 바꾸어야 한다. 이 기술은 미경산우에 비해서 경산우에서 그리고 동물이 진성 발정 중에 있을 때 보다 용이하다. 외상을 방지하기 위하여 부드럽게 실시하여야 한다.
- 주입기의 끝이 자궁체 바로 안에 도달해야 한다. 이것의 확인은 집게손가락 끝으로 부드러운 압박에 의해 실시할 수 있다.
- 자궁체 바로 안으로 정액을 주입하기 위하여 주입기의 플런저를 강하게 누른다.
- 주입기를 조심스럽게 꺼낸다.
- 생식관과 난소의 과도한 촉진은 피해야 한다.
- 각 스트로에 2~3천만의 정자가 존재하며, 융해 후 6~7백만 사이의 생존 정자가 존재한다.

수정 시기

양호한 임신율을 얻기 위해서는 수정 시기가 중요하며 이는 정확한 발정 발견에 의존된다. 오전에 처음 발정이 관찰된 소는 그 날(되도록이면 오후) 수정이 이루어져야 하며, 소가 오후나 저녁에 발정이 관찰되면 다음날 오전에 수정시켜야 한다. 최적의 시기는 발정의 끝 무렵 혹은 이 후 몇 시간 이내이다.

14.5 인공수정센터에서 수컷의 선발과 관리

인공수정센터에서 정액채취를 위해 일상적으로 이용하는 수소는 양호한 신체 상태를 요하며, 많은 양의 운동을 요한다. 보행 계통의 상태, 특히 발에 특별한 주의가 요구된다. 수소에 대하여 안정감이 있으며, 호의적인 취급 및 보정이 요구된다.

수소는 바람직하지 않은 유전 형질의 전파의 가능성을 감소시키기 위해서 그리고 성병 및 다른 질병의 전파의 위험성 때문에 농림수산식품부의 수의방역관에 의해 검사를 받아야 한다. 수소의 검사는 자손에 전달될 수 있는 해부학적인 결함의 검사와 그 수소에 의해 교미되었던 혈통의 축군 및 동물들의 평가를 포함한다. 수소의 건강에 영향을 미칠 수 있는 질병에 대한 검사와 함께 *Mycobacterium tuberculosis*, *Brucella abortus*, *Trichomonas fetus*, *Campylobacter fetus*, IBR, BVD 및 소백혈병과 같은 특정 감염체의 존재에 대한 검사가 수행된다. 감염이 되지 않았다는 수의증명서가 발급되는 경우에만 수소를 공인된 인공수정센터에 이동시킬 수 있다. 이동된 수소는 수소 사육장에 합류되기 전에 추가적인 검사를 받기 위해 60일간 더 격리된다.

규칙적인 건강 검진은 그 인공수정센터에서 신뢰할 수 있는 수의방역관에 의해 수행된다.

14.6 영국에서 인공수정의 이용과 관계되는 규정

영국에서 농림수산식품부가 인공수정의 통제를 위한 책임기관이다. 독자들은 관련 법령(조례) 및 규칙의 조언을 구할 수 있으며, 필요시 조언을 위해 적절한 가축방역관과 접촉해야 한다.

인공수정센터는 농림수산식품부에 의해 허가된다. 가축방역관은 그들의 조직과 활동 및 수정에 대한 기술적인 효율성에 대한 보고를 위하여 3개월 주기로 센터를 방문한다. 각각의 인공수정에 대한 암소의 소유자, 암소 기록 및 수소의 개체 확인의 상세 내역을 보고하는 것이 법령의 필요조건이다. 인공수정에 사용되는 모든 정액은 동결되어야 하며, 사용 전 28일의 검역 기간을 가져야 한다.

영국 내로 정액의 수입은 엄격한 통제가 있으며, 많은 국가들도 영국으로부터 정액의 수입에 대한 엄격한 필요조건을 가진다. 현재의 규정이 반드시 검토되어야 한다.

자가 수정은 농림수산식품부에 의해 발급되는 면허를 요하며, 농장주와 고용인이 목장에 보관 중인 정액으로 그들 소유의 소에 인공수정을 할 수 있는 독립된 규정에 의해 보호된다.

14.7 인공수정의 효율성을 평가하는 방법

효율성은 수정 실시 후 일정 기간 동안(보통 30~60일 혹은 90~120의 간격) 발정이 재귀되지 않은 소들의 비율인 발정비회귀율('non-return rate')에 의해 평가된다.

발정비회귀율은 임신율에 비해 더 높으며, 70~80% 사이에 있어야 한다.

임신율과 발정비회귀율 사이의 불일치는 다음과 같은 요인에 의한다.

- 소의 도태 이전에 발정재귀 사실의 누락
- 인공수정 실패 후 자연교미의 실시
- 정상적인 시간 간격을 벗어난 시기에 발정의 재귀와 함께 태아사가 있을 때
- 발정 재귀의 발견 실패

14.8 인공수정 후 저조한 결과

인공수정으로부터 저조한 결과는 다음과 같은 요인에 의한다.

- 부적절한 인공수정 시기
- 부정확하거나 서투른 수정 기술, 특히 자가 수정이 사용될 때
- 정액의 부적절한 보관 및 취급, 특히 융해 후
- *Ureaplasma* spp.에 기인한 질염. 인공수정 주입기를 보호하는 얇은 플라스틱 시스가 자궁 감염을 방지할 수 있다.
- 수소 번식력의 변이

수컷의 불임증

15.1 일반적인 고려사항

자연교미가 실시되는 축군에서 불임증이 의심될 때 보통 수소가 원인이 될 수 있다. 가능성이 있는 다른 원인을 조사하는데 많은 시간을 소모하기 전에 수소가 먼저 원인으로 배제되는 것이 중요하다. 구체적인 진단이 이루어지기 전에 몇 가지의 검사가 필요할 수 있다.

15.2 조사 방법

엄격한 일상의 검사 과정이 필요하며 다음과 같다.

- 오랜 기간의 병력 즉, 나이, 품종, 혈통, 소유 기간 및 번식력의 증거
- 단기간의 병력, 이것을 위해서는 정확한 기록이 중요하다. 즉 사용 빈도, 사용 방법, 사육 및 사양, 취급, 최근의 번식력 그리고 수소에 대한 정확한 관찰 및 질병이 포함된다.
- 일반적인 건강 상태에 대한 상세한 임상 검사, 특히 생식기계. 발정 중인 암소에 대한 수소의 반응을 주목하여 관찰한다. 가능하면 수소의 교배행동을 세심하게 관찰하여야 하며, 정액 샘플을 채취하여 평가하여야 한다. 이러한 검사 후에 불임증이 다음에 열거한 주요 원인 중의 최소한 한 가지로 그 원인을 분류하는 것이 가능하다. 성욕의 소실 혹은 결핍, 교미불능, 수정 능력의 감소 혹은 불능(15.3~15.8 참조)이다.

15.3 성욕의 소실 혹은 결핍

성욕은 품종에 따라 그리고 동일 품종 내에서도 변이가 매우 크다. 일반적으로 무기력한 육우 수소는 젖소에 비해 빈약한 성욕을 가진다.

비록 빈약한 성욕에 대한 정확한 원인을 결정하기가 어려우나 수소가 사육되는 환경, 수소를 다루는 사람, 수소를 보정하는데 사용되는 방법 및 교미 장소가 성욕에 크게 영향을 줄 수 있다. 다음의 요인들이 관련될 수 있다.

- 나이: 성욕은 나이가 많은 수소에서 감소된다.
- 괴롭힘: 특히 암소 군에 의해 심하게 괴롭힘을 당하는 어린 수소
- 소음 및 소란
- 보통 때와 다른 환경: 다루는 사람 혹은 보정 방법
- 권태: 교미의 일상적인 과정에 있어서 약간의 변화가 유리할 수 있다.
- 운동 부족
- 체중과다
- 심한 쇠약
- 과도한 사용
- 병발질환
- 보행계통 및 등 부위의 심한 통증 및 BHV-1과 같은 감염체가 음경 귀두 및 포피의 심한 염증 및 궤양형성을 일으켜 음경의 심한 통증이 있을 때
- 음경해면체의 파열
- 바닥에 대한 불안감
- 동화 스테로이드

성욕 장애의 치료

많은 예에 있어서 관리 개선, 성적 휴식 및 병발질환의 치료를 포함한다. 선천적으로 빈약한 성욕을 가진 수소는 이러한 성향이 유전될 수 있는 가능성 때문에 번식을 위하여 사용하지 않아야 한다.

hCG와 같은 생식샘자극호르몬 혹은 테스토스테론으로 치료하는 것은 거의 효과가 없거나 역효과를 나타낼 수 있다.

15.4 교미불능

양호한 성욕을 가지나 암소와 교미를 할 수 없는 즉, 교미불능의 상태를 나타낸다. 교미가 시도될 때 수소의 행동에 대한 세심한 관찰이 필요하다. 수소를 수차례 면밀하게 관찰하는 것이 필요하다.

15.5 음경의 돌출장애와 관련된 교미불능

- 포경(포피 구멍의 협착): 포피 구멍을 손가락으로 진찰 시, 최소한 세 개의 손가락을 동시에 사용해야 한다. 포경은 어린 수소에서는 선천성일 수 있으며, 그것이 유전적인

결함일 수 있으므로 외과적으로 치료하지 않아야 한다. 수소의 과도한 사용, 외상 및 만성 귀두포피염에 의한 후천적인 질병일 수 있다.

- **발기의 실패:** 선천적일 수 있으며, 흔하지는 않지만 후천적 혈관문합이 발생하여 음경 해면체에 혈액이 충만하지 않고 빠져나와 결과적으로 정성적인 발기를 방해한다. 부분적으로 돌출된 부위는 무기력하고 나약하며, 치료방법이 없다. 음경해면체의 장축 도관폐색 역시 원인이 될 수 있다.
- **음경 종양:** 섬유유두종이 아주 흔하며, 크다면 돌출을 방해할 수 있다.
- **선천적인 음경 단소:** 선천적으로 음경이 작은 것인지 또는 발기의 실패에 의한 것인지에 대해서는 의문의 여지가 남아 있다. 성숙 수소의 음경의 길이는 약 90㎝ 이다.
- **음경과 포피 사이의 유착:** 외상이나 BHV-1과 같은 감염에 의한 만성 귀두포피염에 의하며, 성공 예는 드물지만 유착의 외과적 분리에 의해 치료할 수 있다.
- **성성숙시 음경과 포피의 분리 실패**
- **포피소대의 잔존**
- **음경해면체의 파열:** 보통 성욕에 대한 영향 및 통증의 존재로 보다 빨리 진단된다. 에스자형 만곡 및 음낭 앞쪽에 종창이 있다.
- **포피 내 나선 상 변이:** 포피 내에 간헐적으로 존재할 수 있으며, 이 때문에 때때로 돌출이 발생될 수 있다. 발기 음경의 움직임을 관찰할 수 있으며, 포피 내에서 촉지될 수 있다.

15.6 삽입장애와 관련된 교미불능

수소는 승가하며 음경을 돌출시키지만 삽입을 할 수 없다. 이것은 다음의 요인에 의한다.

- **음경의 나선상 변이:** 음경은 정상적으로 삽입 후 질내에서 나선상으로 되는데, 만약 삽입 전에 일어나면 삽입은 불가능해진다. 음경은 배 쪽 및 오른쪽으로 편향되어 완전한 시계바늘과 반대방향의 나선상으로 된다. 그것은 음경 배첨인대의 일그러짐에 기인된다. 외과적인 교정이 가능하나 교잡을 위해 사용되는 수소에 대해서만 실시되어야 한다. 음경의 나선상 변이는 간헐적으로 발생된다.
- **음경의 배 쪽 변이('rainbow penis'):** 음경은 나선이 없이 배 쪽으로 만곡된다. 그것은 약한 음경의 배첨인대 혹은 음경해면체의 장축 도관의 폐색에 기인된다.
- **포피소대의 잔존:** 완전한 돌출을 방해하거나 어느 정도의 음경 변이를 초래할 수 있다. 성성숙시 음경과 포피의 완전한 분리의 실패에 기인되며 유전될 수 있다.
- **큰 섬유유두종**
- **미확인성 원인:** 음경은 정상적으로 발기되며 돌출되나 통증, 불량한 바닥, 경산우 혹은 미경산우의 크기의 불일치, 행동상의 문제 혹은 신경학적인 이상에 의해 삽입이

이루지지 않는다.

15.7 사정장애와 관련된 교미불능

삽입은 일어나나 음경을 밀어 넣어 사정하지 못한다. 정확한 원인을 밝혀내는 것은 불가능하다. 그것은 불완전한 사정반사를 초래하는 통증, 불량한 바닥, 행동상의 문제 혹은 신경학적인 이상에 기인될 수 있다. 성적 휴식을 취하게 하고 교미의 일상 과정에 변화를 주어야 한다.

15.8 수정의 감소 혹은 실패

수소는 정상적인 성욕을 가지며 정상적인 교미를 할 수 있으나 수정이 일어나지 않는다.

생식기계에 대한 상세한 임상 검사와 더불어 약 30일 간격으로 최소한 3회의 정액채취와 검사가 필요하다. 질이 불량한 정액의 원인은 다음과 같다.

- **높은 환경 온도**
- **병발질환**, 특히 발열이 있을 때
- 수송, 새로운 환경, 삭제와 트리밍과 관련된 **스트레스**.
- **과도한 사용**
- **생식기계의 감염**: 사정액에서 농이 보이거나 다수의 백혈구가 정액 도말에서 보인다. 감염 부위는 고환, 부고환 혹은 정낭샘일 수 있다. 촉진 시 보통 통증을 나타내거나 장기의 경도에 있어 변화가 있을 것이다. 치료는 장기간에 걸친 항생제 요법이다.
- **흔적서혜유방샘의 유방염**
- **고환 형성저하증**: 비록 성욕은 정상이나 고환이 작고 부드러운 어린 수소에서 관찰된다. 보통 무정자 사정액이 있다. 유전성 질병의 가능성이 있으며 치료법은 없다.
- **고환 변성**: 정상적인 번식력을 나타낸 후 번식력의 완만한 감소 및 궁극적으로 완전하게 번식력을 소실하게 된다. 성욕은 정상이다. 고환은 작고, 처음에는 부드러우나 나중에는 쪼그라들며 단단하게 된다. 처음에는 정자 농도가 낮고 다수의 사멸 정자 및 비정상 정자를 가지는 불량한 사정액이 얻어지며, 결국에는 완전히 무정자이다. 치료법이 없다.
- **성병**: 정자에 대해서는 어떠한 영향도 끼치지 않는 것으로 보인다. 임신의 실패는 바람직하지 않은 자궁 환경으로부터 초래되는 조기태아사에 의해 발생한다.
- **볼프관의 부분무형성**: 고환으로부터 정자의 수송을 가능하게 하는 도관계통의 발생학적인 발육의 장애이며, 편측성 무형성은 번식력에는 거의 영향을 미치지 않거나 전혀 영향을 미치지 않는다. 양측성 무형성은 수소에 있어서 성성숙기로부터 완전한 불임

을 초래한다.

● **형태학적으로 비정상적인 정자:** 어떤 경우의 결함은 세련되지 않고 무성의한 정액의 취급 때문에 발생될 수 있으며, 때로는 정자발생 및 정자성숙에 있어 결함으로 발생한다. 정자 형태에 있어 사소한 결함의 의의에 대한 해석은 전문가의 의견을 필요로 한다.

추가 참고 도서 목록

Arthur, G.H., Noakes, D.E., Pearson, H. and Parkinson, T.J. (1996) *Veterinary Reproduction and Obstetrics*, 7th edn. W.B. Saunders Co. London.

Cox, J.E. (1987) *Surgery of the Reproductive Tract in Large Animals*, 3rd edn. Liverpool University Press, Liverpool.

Esslemont, R.J. and Spincer, I. (1993) *Daisy Report No. 2*. University of Reading, Reading.

Esslemont, R.J. and Kossaibati, M.A. (1995) *Daisy Report No. 4*. University of Reading, Reading.

Lamming, G.E., Flint, A.P.F. and Weir, B.J. (eds) (1991) Reproduction in Domestic Ruminants II. *Journal of Reproduction and Fertility* (Suppl. 43).

Ministry of Agriculture, Fisheries and Food (1985) *Dairy Herd Fertility*. Book No. 259. Her Majesty's Stationery Office, London.

Niswender, G.D., Baird, D.T. and Findlay, J.K. (eds) (1987) Reproduction in Domestic Ruminants I. *Journal of Reproduction and Fertility* (Suppl. 34).

Peters, A.R. and Ball, P.J.H. (1995) *Reproduction in Cattle*, 2nd edn. Blackwell Science, Oxford.

Roberts, S.J. (1986) *Veterinary Obstetrics and Genital Diseases* (Theriogenology), 3rd edn. Published by the author, Woodstock, Vermont.

Scaramuzzi, R.J., Nancarrow, C.D. and Doberska, C. (eds) (1995) Reproduction in Domestic Ruminants III. *Journal of Reproduction and Fertility* (Suppl. 49).

부록

배란동기화 번식프로그램 소개

1. 오브싱크(Ovsynch)

1) 처리방법: 발정주기의 임의의 시기에 GnRH 100μg 투여(1차) → 1주일 후 PGF₂α 25mg 투여 → 56시간 후 GnRH 100μg 투여(2차) → 16시간 후 수정
2) 대상축: 미약발정우, 둔성발정우, 난소낭종우, 발정주기우
3) 유의사항: 발정이 확인 된 경우는 발정주기의 5~9일에 프로그램 시작 시 임신율 향상

2. 시더 오브싱크(CIDR-Ovsynch)

1) 처리방법: 위의 오브싱크법과 처리가 동일하나, 다만 1차 GnRH 투여시 CIDR를 삽입하였다가 1주일 후 PGF₂α 투여 시 CIDR를 제거함
2) 대상축: 무발정우, 둔성발정우, 난소낭종우, 발정주기우

3. 프리싱크-오브싱크(Presynch-Ovsynch)

1) 처리방법: 발정주기의 임의의 시기에 PGF₂α 25mg 투여(1차) → 14일 후 PGF₂α 25mg 투여(2차) → 10~12일 후 GnRH 100μg 투여(1차)를 시작으로 위에 기술한 오브싱크법 실시
2) 대상축: 미약발정우, 둔성발정우, 발정주기우
3) 유의사항: 분만 후 35~40일에 프로그램을 시작하여 최종 70일 경 수정을 실시하도록 디자인된 번식프로그램이나, 2차 PGF₂α 투여 후 발정이 명확하게 발견될 시에는 발정 관찰 시간에 따른 수정이 가능함

4. 단축 배란동기화(난소에 기능성 황체가 존재하는 경우)

1) 처리방법: PGF₂α 25mg 투여 → 24시간 후 에스트라디올 벤조이트(EB) 1mg 투여 → 32~36시간 후 수정
2) 대상축: 미약발정우, 둔성발정우, 발정주기우
3) 유의사항 : 임신진단(특히 조기진단) 후 미임신우에 프로그램 사용 시 공태기간 단축 기대

색인